如果说,《论语》的真谛是告诉大家,怎么样才能过上我们心灵所需要的那种快乐的生活。那么,本书将告诉你,什么才是我们真正所需要的快乐生活以及我们将如何获得这种生活。

陈惠雄 1957年生,浙江兰溪陈家井人,经济学博士,教授。现任浙江财经学院工商管理学院院长,人本经济研究所所长。长期从事快乐学、人本经济学研究。在《历史研究》、《哲学研究》、《管理世界》、《中国工业经济》、《学术月刊》等刊物发表论文100余篇,多次获得浙江省哲学社会科学优秀成果奖。2007年3月13日《光明日报》"新锐人物"栏目以"陈惠雄与快乐经济学"为题报道其研究历程。代表性著作:《快乐论》(1988);《人本经济学原理》(1999,2006);《快乐原则——人类经济行为的分析》(2003)。

陈惠雄解读快乐学

陈惠雄 著

北京大学出版社
PEKING UNIVERSITY PRESS

图书在版编目(CIP)数据

陈惠雄解读快乐学/陈惠雄著. —北京:北京大学出版社,2008.1
ISBN 978-7-301-13289-0

Ⅰ.陈… Ⅱ.陈… Ⅲ.①人生哲学-通俗读物 ②经济学-通俗读物 Ⅳ.B821-49 F0-49

中国版本图书馆CIP数据核字(2007)第197624号

书 名:	陈惠雄解读快乐学
著作责任者:	陈惠雄 著
责 任 编 辑:	杨书澜
标 准 书 号:	ISBN 978-7-301-13289-0/F·1823
出 版 发 行:	北京大学出版社
地 址:	北京市海淀区成府路205号 100871
网 址:	http://www.pup.cn 电子邮箱: weidf02@sina.com
电 话:	邮购部 62752015 发行部 62750672
	编辑部 62750673 出版部 62754962
印 刷 者:	北京宏伟双华印刷有限公司
经 销 者:	新华书店
	890毫米×1240毫米 A5 8.375印张 148千字
	2008年1月第1版 2008年1月第1次印刷
定 价:	24.00元

未经许可,不得以任何方式复制或抄袭本书之部分或全部内容。
版权所有,侵权必究
举报电话:010-62752024 电子邮箱:fd@pup.pku.edu.cn

让全社会快乐总量极大化

茅于轼

　　大约在六七年前,天则经济研究所曾经请陈惠雄教授来所讲他的快乐学理论。我有很深的印象,因为我也一直对快乐的学问有兴趣。我在 2003 年《中国人的道德前景》再版时增加了"道德与快乐"一章。现在他的正式出版物要问世了,我非常为他高兴,也为全体中国人高兴,因为这件事有很大的价值,值得引起大家注意。

　　为什么?因为一个人来到这个世界几十年,到底是为了什么?不少人懵懵懂懂过了一辈子,也没想过这个问题。我差不多就是这样的人,是快到人生尽头的时候才懂得对人生意义的思考。如果早一点把这个问题想通,人生会少一些挫折,多一些愉快。所以我非常希望全国人民都来读陈惠雄教授的这本书,提高自己对人生的享受。如果说,当前中国最重要的事就是懂得怎么追求快乐,学生和老师最需要的学问就是快乐学,这超过学习数理化,超过学习英(文)国(语)算(术),这样说也不为过。

许多人一辈子就忙着赚钱,所谓"人为财死,鸟为食亡"。这样做不算很错。因为在市场经济里,一个人没有钱连生存都会有问题,不赚钱怎么能行。但是赚钱不是目的,享受才是目的。而除了靠钱得到享受,还有许许多多不用钱也能够得到的享受。有些享受有钱也得不到,跟钱完全无关。所以我们要学习,要研究如何得到快乐。陈惠雄教授的这本书很充分地讨论了这个问题。讨论了如何从美得到享受,讨论了婚姻、家庭、健康、旅游等和快乐的关系。这方面不需要我多说。作为本书的序言,我补充一点:从全社会的角度看如何追求快乐。我提出来的目标是使全社会的快乐总量极大化。

一个人的快乐与否往往和他周围所处的环境有关。所谓的环境主要是人的环境。如果没有人跟他捣乱,他就会活得快乐一些。反之如果人人跟他过不去,找他的毛病,诬蔑他,侮辱他,搞斗争,让他妻离子散,家破人亡,他自己再有本事,再懂得怎么追求快乐,也都没用。所以说一个人快不快乐不光和自己懂不懂快乐有关,更和周围环境、和周围的人有关。或者说,和周围的人懂不懂帮助别人得到快乐有关。因此快乐是一个社会问题,不光是一个个人问题。每个人要为自己追求快乐，还要懂得帮助别人追求快乐。最后是全社会快乐总量的极大化。

我是一个经济学家，常常用经济学的方法分析事物。经济学的道理如何使得全社会财富极大化？其实很简单，就是双赢，就是在不损害第三者的前提下，双方都得到利益。也就是帕累托改进的意思。如果大家都能够不损害别人，追求自己的利益，同时又能够双赢，社会的财富一定会极大化。要做到不损害别人，不是靠每个人的觉悟，而是靠法治，靠每个人都能得到同样的人权保护，所有的交易必定都是双赢的，损害一方的交易是做不成的。由于逐渐建立了保护个人的法律环境，18世纪以后财富飞速增长，人口增长的速度比过去几千年增加了10倍，寿命延长的速度增加了50倍。

我们把经济学双赢的道理搬到追求快乐上来，每个人在不损害别人快乐的前提下追求自己的快乐，或者在追求自己快乐的时候也帮助别人快乐，全社会的快乐就能够极大化。我们的最终目标不仅仅是自己快乐的极大化，而且是全社会的快乐极大化。其方法就是自己快乐，别人也快乐。把经济学的方法应用于快乐时有两点不同。一是快乐不能度量，而财富是可以度量的。我的财富可以和你的财富相比较。如果我的财富减少一点点，而你的财富可以增加许多，全社会的财富是增加的。反过来也一样,如果你的财富减少一点点,我的财富能够增加许多,全社会的财富也是增加的。但是快乐的量无法比较。不能说你的痛苦增加一点点,同时我的快乐增加许多,全社会的快乐能够增加。我们只能说,不降低任何人的快乐而使一部分人的快乐增加,可以使全社会的快乐总量增加。每个人都这样做可以使全社会快乐总量极大化。换句话讲,不同人的财富增减可以彼此抵消,而不同人的快乐增减却不能抵消。因为财富有客观的度量,不同的人的财富是可以比较的。快乐只是主观感觉,没有客观度量,不能比较,增减不能抵消。

　　第二个不同是财富可以观察,可以比较,可以用法律保护。而快乐不可见,没有办法用法律来保护。所以快乐增减的动力在于道德。只有通过道德的启发,关心他人的快乐,帮助他人得到快乐,才能够实现全社会快乐的极大化。市场经济通过以自由平等为基础的法律,可以实现双赢的合约安排,最后使全社会的财富极大化。但是快乐的极大化可不能用法律来帮忙。就我国的情况来看,法治尽管不完善,但立法、司法都不断在进步,所以财富的生产比较顺利。可是在道德方面,全社会缺乏共同的理念,上下左右都在骗人。大多数人只知道赚钱,甚至不顾廉耻,更谈不上互相尊重、同情、互助。其结果就是财富增长了十几倍,而大家感觉到的快乐并没有增加,可能反而减少了。这可能是中国社会当今的头等大问题。

我想，追求全社会快乐的极大化，不大可能有人反对。反之，使得全社会痛苦极大化应该是不受欢迎的。怎么会使全社会痛苦极大化？其实很简单，就是在几个人之间，或一个团体内部，彼此想方设法使别人痛苦。当大家都这么做的时候全社会的痛苦就越来越多，最后趋向于极大。今天我们谈快乐的学问，不能不从反面，从痛苦的学问来全面地认识怎样追求快乐，使不仅仅是个人的快乐极大化，而且是全社会的快乐极大化。

目录

前　言 / 001

第一讲　走近快乐——对人生终极目的的探索 / 001

　　一、人生的目的是为了什么 / 003

　　二、经济社会发展的目的是为了什么 / 007

　　三、快乐是人类行为的终极目的 / 011

　　四、经济增长要看是否有利于人们普遍
　　　　的快乐生活 / 015

第二讲　学一点快乐学：理念与模式 / 019

　　一、对快乐学理论的基本认识 / 022

　　二、快乐思想家寄语 / 027

　　三、幸福悖论 / 037

　　四、享乐中心与快乐帽 / 039

　　五、崇尚并实践快乐的国家：
　　　　荷兰与不丹 / 040

第三讲　快乐的主要特性与主要影响因子 / 047

　　一、快乐的主要特性 / 049

　　二、影响快乐的六大要素 / 059

第四讲　快乐的实践问题——快乐

　　　　的生产与管理 / 105

　　一、不同需要层次的不同管理——让人们

　　　　得到更多的快乐 / 107

　　二、快乐：人生与经济社会发展

　　　　的永恒话题 / 111

第五讲　快乐(幸福)指数 / 123

　　一、国际上的快乐(幸福)指数调查 / 125

　　二、我国国民快乐指数调查的

　　　　结构与现状 / 130

第六讲　金钱与快乐 / 141

　　一、金钱的第一效用：快乐的物质基础 / 144

　　二、金钱的第二效用：安全心理

　　　　感觉基础 / 145

　　三、金钱的第三效用：释放生命 / 147

　　四、对个人而言,恰到好处的钱是多少 / 148

　　五、对国家而言,人均 5000 美元是转折点 / 151

　　六、穷人与富人：各取各的快乐 / 155

第七讲　关于动物快乐 / 161

　　一、动物苦乐感分类：一种探索性
　　　　的思路 / 164

　　二、转基因食品的喜与忧 / 173

　　三、动物福利法 / 174

第八讲　宗教与快乐 / 179

第九讲　快乐学的人生启示 / 189

　　一、倒吃甘蔗节节甜 / 191

　　二、不要赚过分的钱 / 195

　　三、快乐的生命资源安排 / 200

　　四、旅游与转换环境的快乐效应 / 205

　　五、美的消费与价值 / 207

　　六、婚姻辩证法：越是没钱越需要结婚 / 210

　　七、择偶的快乐原则 / 214

　　八、保持低的期望值 / 217

　　九、节俭并非不快乐 / 219

　　十、走近快乐的疑难 / 222

　　十一、做一个快乐的人 / 227

　　十二、建设一个幸福的社会 / 229

附　录 / 235

　　一、近年来作者关于快乐的主题发言与报告 / 235

二、近年来关于作者快乐研究的相关媒体

　　专访与报道 / 236

三、作者关于快乐研究的相关成果

　　（按时间序列）/ 238

四、近年来关于作者快乐研究成果的

　　相关评价 / 241

后　记 / 244

前　言

快乐（hedonic）是以人与对象的物质存在和消耗为基础而产生的一种愉悦或正向的精神体验。但苦与乐是一切有苦乐感生物的最高体验，快乐是人类行为的终极目的与终极价值。正因为如此，现在一些学者如奚凯元等主张用"Hedonomics"（快乐学）取代"Economics"（经济学）。一些学者也指出在不久的将来可以看到用"国民幸福总值"取代或弥补"国民生产总值"的情形。从这些研究取向上可以看到，快乐学理论可能会对未来世界的经济社会发展战略决策产生重大的影响。

我从1980年开始由生产目的转向对人类行为目的问题的思考与研究，迄今已然27个春秋。快乐是人类行为的终极目的或终极价值。不管是过去还是现在，外国人还是中国人，饿着肚子还是吃着山珍海味，苦乐的问题均无所不在，无处不在，无时不在。这个快乐学理论来之于经验事实，并经得起最大量事实的验证。

由于快乐是人类行为的终极目的,这样快乐就成为一个多学科研究的课题。哲学、心理学、社会学、经济学、管理学、脑科学等均对这个学科有着比较多的研究。我是一个经济学跨学科研究者,而经济学是一门分析人类行为的科学,快乐又是人类行为的终极目的,研究快乐照理是经济学家"分内"之事。只是由于亚当·斯密以来,经济学研究快乐与幸福的目的被财富增长的目的取代了,所以快乐淡出了主流经济学家的视野。那是一种极大的经济学研究资源浪费——一直把经济学家引导到经济增长究竟是为了什么都不知道的混沌境界中去了。直到 1974 年美国经济学家伊斯特林发现了经济增长与幸福增长的不一致问题,才开始对经济发展的意义问题有所思考,有所醒悟。

从 2003 年开始,我逐渐由快乐经济学的理论研究转向一些实证分析,并把一些新的研究成果对外报告,引起了一些专业研究者与媒体的兴趣。近年来,国内快乐学、幸福学的研究逐渐有了一点气候,国外的相关研究成果也被介绍进国内。国内之所以会开始重视快乐幸福问题,实际上与我国经济社会发展过程中出现的一些不够理想的现象有关。我们今天讲"以人为本",讲和谐社会,那么人又以什么为本呢?人以快乐为本。快乐—人本—和谐是一个一体化的思想。这个思想系统地体现在我在 1999 年出版的《人本经济学原理》中。只有从快乐这个人类行为的终极目的出发，我们的经济社会才能够真正获得以人为本和谐发展的至道。

我们正在迎来一个渴望快乐而又能够实现大众化快乐生活的时代，却由于我们的观念、理论与意识局限，仍然需要为此付出努力。为此，我把2007年5月我在（杭州）国民快乐幸福全国学术研讨会上的发言词记录于此，以激励全体国民走近快乐，获得更加幸福的生活。

1. 转变人类生活理念，确立快乐幸福才是人类生活的终极目的与终极价值的理念。我们今天的发展理念几乎还是以GDP为中心的，个人则以物质利益为中心。快乐理论告诉我们，经济增长与收入增加只是手段，并不是终极目的，人类行为的终极目的与终极价值是人们的快乐幸福生活。今天我们倡导快乐幸福的终极价值理念，相对于以GDP为中心的发展理念而言，这是一个根本性的理念转变，即把人类行为与经济发展真正转变到以人的快乐幸福生活为中心的轨道上来。确立这个理念会使人们明白人生的真正意义在于幸福快乐的生活，而不是多多益善的钱财。这无论对于调整社会心态，还是对处理个人人际关系都是十分重要的。正如澳大利亚社会科学院院士黄有光教授所言：只有快乐才是最根本的，其他事物如经济增长等只是相对于快乐而言才是重要的。因为只有快乐和痛苦本身才有好坏之别，而其他事物均无这种性质。可见快乐与幸福理论对于我们转变生活理念的重要性。如果结合体验经济学与体验经济的发展,我们更加可以确信快乐理论不仅对于转变人类生活理念有重要意义,而且对于指明其产业拓展的方向同样是重要的。

2. 创新社会发展模式,确立以快乐幸福为核心的社会发展体系。20世纪70年代,美国南加州大学经济学教授理查德·伊斯特林教授通过研究发现了经济增长与国民快乐的不一致性问题。即随着收入增长到一定程度,国民的快乐与幸福感不再随着收入增长而增长,美国、日本等一些发达国家均出现了这种"伊斯特林悖论"现象,亦称为"财富悖论"现象。它是在"有增长无发展"的发展中国家经济发展难题解决后,在发展中国家与发达国家同时遇到的"有发展无(幸福指数)提高"的经济社会发展新难题。实际上,"伊斯特林悖论"现象的产生并非偶然,它是忽视经济社会发展的终极价值,只顾物质利益(工具价值)中心主义而不是快乐幸福中心主义——特别是对"最大多数人的最大快乐"终极价值原则的忽视的结果。由于只顾物质利益,导致了经济社会发展路径对于快乐幸福社会发展路径的偏离。事实上收入大致只能说明快乐的10%原因。当收入增长到一定程度,社会发展仍然以GDP为中心,而不是以人的全面发展为中心时,国民幸福指数也就难以提升,"财富悖论"现象就形成了。所以,我国一定要创新社会发展模式,确立以国民快乐幸福为核心的社会发展体系。只有这样，才能够真正构建起和谐社会，真正实现国民的快乐幸福生活。

3. 全面关注人类健康状况、经济发展、职业满意、社会公正、文化提升与生态环境的协调发展。人类快乐的影响因子由多层级因素组成，健康、人格、亲情、收入、职业、人际关系、社会、文化、教育、宗教与生态环境等都是影响人类快乐的重要因素。相关研究表明，健康与亲情约占个体快乐影响因子权重的50%，并且国内外的情况是接近的。因此，全面关注人类健康状况、经济发展、职业满意、社会公正、文化提升与生态环境的协调发展，而不仅仅是物质利益方面的增长，对于实现快乐幸福生活也具有决定性的意义。而由人类快乐影响因子的多维性说明，满足快乐并不需要过多的资源，健康、亲情、生态、社会公正、人际关系，这些要素原本不需要耗费多少资源，却是无上快乐的源泉。只是由于我们把社会关注力片面地、过多地引导到物质利益、GDP上去，才出现了既浪费大量资源，又使得幸福指数难以提高的后果。所以，实现快乐原则下的人的全面发展，是全人类尤其是像我国这样的人口、资源、环境矛盾突出国家实现和谐发展的根本战略途径。

4. 把经济社会发展政策全面调整到以多数人幸福为核心的基础上来，让"多数人快乐"成为立法与道德的基础。一些人习惯于用类似于边际效用递减现象来解释

"有发展无提高"难题的形成。实际上,边际效用递减原理只是在解释独立的单个事件上是有效的。而人类存在着广泛的快乐需求,只有当人们的生活与社会政策供给中无视快乐需求的多元化而只是集中于少数需求项目(如物质利益)和少数人需求的满足时,才会发生这种情况。因此,把经济社会发展政策全面调整到以多数人幸福为核心的基础上来,始终围绕国民快乐原则及其需要层次变化来修正与拓展国民经济产业部门发展,围绕国民快乐需要而进行生态环境、公共卫生、劳动保障、收入分配、公共财政政策的调整等,才能够真正构建起"最大多数人的最大快乐"的幸福中国。

快乐学是一个博大的思想库,理解她可以极大地造福人类。我们需要走近快乐,以获得对人类与世界发展的终极目的与终极价值的真知。一个学员听了我的讲座后说,至少可以多活一岁。果真如此,当不负我四分之一多世纪的坚持。

《陈惠雄解读快乐学》

第一讲

走近快乐——对人生终极目的的探索

> 生命是短暂的,真理却永存。让我们说真理。
>
> ——叔本华:《作为意志与表象的世界》

快乐这个话题在我们以往是较少谈到的。因为在中国文化中,长期倡导着艰苦奋斗的理念。对于我们今天的社会而言,艰苦奋斗精神仍然是需要的。但是,艰苦奋斗是为了什么?这个问题可能很少有人去深入地思考过。所以,我想跟大家讲这样一个话题:人类行为的终极目的是什么?这是一个事关人类与世界未来发展的根本性问题。今天,我们的经济社会已经有了很大的发展进步,人们的生活水平也有了很大改善,回过头来思考这个问题,应当是一件很有意义的事情。

我们的讲座,希望能够引起人们对人生与世界终极真理的追问与思考,以便使我们过上那种人所需要的真正有意义的生活。

一、人生的目的是为了什么

我对人生终极目的问题的思考始于 1980 年。上世纪 80 年代初,当时中国经济理论界进行了一场别开生面的关于社会主义生产目的问题的大讨论。我们知道,在当时我国的政治经济学教科书上,一直把社会主义生产目的与资本主义生产目的严格区分开来,并以此作为社会主义制度的主要标志之一。社会主义生产目的是为了人民群众日益增长的物质文化需要。但是,在改革开放前,我国人民群众的物质生活水平提高缓慢。这就不能不引起人们对"目的"这一范畴作深入思考。作为一个学生,我就是这样的思考者之一。

从对生产目的的思考开始,联系到各种人类行为的目的,目的实际上是一个系统概念,有具体目的、中间目的、终极目的,人们的任一有意识行动,都受一定目的的指引或支配。而各种各样的具体目的、中间目的又导向一个共同的或终极的目的。从哲学角度讲,撇开经济发展与社会制度差异不说,作为"人的目的",应该是共同的。那么,这个支配所有人类行为的终极目的是什么呢?这正是我们今天的生活世界中需要认真弄清楚的问题。

人生的目的究竟是为了什么?人活在这个世界上究竟是为了什么?这个问题,许多人一辈子可能都没有去想过,或者是没有想清楚过。人生很有限,70岁、80岁、90岁、100岁吧,就没有了。100岁也就36500天。还要等到明白这个道理,余留下来的时间可能就不会很多了。东汉末年蔡文姬在《悲愤诗》中写道:"人生几何时,怀忧终年岁。"人生很短暂,如果又是在忧愁、忧愤中度过,那样的人生是多么缺憾啊!那么人生的意义何在呢?

26年前的那场关于社会主义生产目的问题的大讨论,确实令我非常认真而深刻地思考了这个问题,觉得"人的目的"这个人类行为最高最抽象的东西,应该是共同的。那么,人类行为或人生的这个共同的或终极目的究竟是什么呢?有人说是金钱,有人说是地位,还有人说是名誉最要紧。问题是,现实的人生经常是在矛盾与悖论中度过的。我们且来看看这些东西获得后的结果吧。

　　现代社会中,人们的收入增加了,闲暇却减少了。和300年前的人相比,现代人的闲暇已经大大减少了。阶段性的闲暇适度减少可能是必要的和难以避免的,但过度减少就不对了。万事万物皆有度啊!

　　现在有一个"过劳"的概念很流行,网上去查一查,有上百万个关于"过劳死"的条目。甚至说,七成的中国知识分子存在过劳现象。过劳会造成健康与生命方面的严重损害,会引发许多疾病,也会造成人力资源的浪费,引起生命早衰。由于过于忙碌,一些年轻人甚至没有时间谈恋爱,导致婚姻大事被耽误了。这不得不引起我们思考,人生的意义何在?收入增长后引起的闲暇过度减少和生命健康损害,是否值得?

　　随着社会进步,人们的心理疾病也在增长,睡眠质量在下降。网上公布的最新调查显示,我国45%的人有睡眠障碍,至少有1亿人有精神疾病和心理问题。这可是个天文般的大数字。一些人在追逐名利、地位并得到它们的时候，往日的朋友逐渐疏远，开心的心情反而消失了。有一次，我在浙江大学一个总裁班讲课，课间休息，学员中有个亿万富翁，四十多岁，学员交谈中我得知，他说自己几乎对所有事情都缺乏兴趣，包括爱人。这是多么糟糕的事情！那么多的钱，如此乏味的人生，生命的意义究竟何在呢？

随着收入增加、家庭条件改善而来的问题还有离婚率的快速攀升。中国有句古话，叫做"宁拆十座庙，不破一门婚"，可见我国传统文化对婚姻好合的重视程度。这个重视有没有道理呢？有道理啊。因为婚姻是影响人们生活快乐幸福的一个非常基本的要素。国内外的研究都证明，有婚姻的人比较快乐，而婚姻破裂比较痛苦，甚至比从未结婚的单身汉还要痛苦。

以前我们相互间碰到总是问："吃了没有？"说明吃是第一要务。现在变了，有人开始改问："离了没有？"这种俗话问法的戏剧性改变，尽管是有些玩笑的成分，却意味着我们的生活格局可能正在发生一些微妙的变化。据有关报道，进入2000年以来，我国的离婚率以每年200万对的速度攀升。在某省会城市，近年来35岁以下的夫妻离婚率以每年增加近三成的速度发展。"离婚经济"——一个和这种情况相关的名词与行业应运而生。并且，据有关离婚咨询公司说：生意不错。离婚成了时髦的东西。但要知道，时髦的不一定就是好事情，变化也不一定都是向正确的方向发展。

这些问题,不得不让我们认真思考,人生的意义究竟何在?这些问题,不得不让我们静下心来想一想,人类行为的终极目的、终极价值究竟是什么?

二、经济社会发展的目的是为了什么

改革开放以来,我国的国民财富增长很快。但随之而来的问题是:经济增长与贫富差距扩大的矛盾明显了。有个反映贫富差距的概念叫"基尼系数",是20世纪初一个叫基尼的意大利经济学家搞出来的。基尼系数越高,说明社会的贫富差距就越大。基尼系数0.4是国际公认的警戒线,超过0.4说明社会贫富差距偏大。1984年,我国的基尼系数为0.26,属于世界上收入最平均的国家之一。2001年,我国的基尼系数已经达到了0.458。到2004年,我国的基尼系数更是达到了0.53,比20年前扩大了1倍。1978年至2005年,社会秩序指数下降了32%,社会稳定指数平均下降0.5%。① 这种情况明显使得社会的不稳定性与低收入阶层的生存压力增大。城乡居民收入差距继续扩大,2006年扩大到3.28:1。假如经

---

① 朱庆芳:《构建和谐社会需关注和解决的几个问题》,《中国社会科学院院报》2007年3月6日。

济增长不能够惠及最大多数人的福祉,这样的经济增长可能就会失去最根本的意义。并且,贫富差距越大,社会财富的总效用就越小,低收入阶层感受的心理痛苦就越大,国民快乐指数就越低。

随着科技进步与GDP增长而来的,是我国的环境质量在加速下降,资源环境承载力接近极限了。2005年瑞士达沃斯经济论坛公布,我国的环境可持续指数在世界143个国家和地区中排名第132位。说明生态问题严峻性的还有一个"生态足迹"的概念。生态足迹就是相当于我们使用的生态面积。我国的人均生态承载力只有0.8公顷,而人均生态足迹却大到2.1公顷,需要2.5个国土面积,可见生态透支已经十分严重。英国新经济基金会的报告显示,如果全世界每个人都像美国那样消耗资源的话,人类需要5.3个地球才能承担全人类的消耗量。而我们只有一个地球!我们又如何能够获得持久的幸福生活呢?

我国600多座城市中有400多座城市缺水,100多座城市严重缺水。世界上大部分空气污染城市在中国。大家可能想不到,2005年起,江南水乡的杭州已经成为一个中度缺水的城市,全国的情形就可想而知了。2007年8月,浙江省主要流域水质检测显示:钱塘江三个主要观测点全部为4类、5类水质。杭州市80%以上的水是依靠钱塘江供给的。可就是这样的水质,宁波、绍兴、舟山也在享用。可见,今天江南水乡的水危机情形。

水是生命之源,有一本书叫《水是最好的药》,是美国的一个著名医学博士写的,讲水对于人类身体健康的妙用。可是,这个最好的药——水质今天已经变得极其令人担忧了。差的水质喝了会令人得病,还怎么能够成为良药呢?

2007年5月29日,太湖蓝藻大爆发,自来水发臭;6月11日,巢湖蓝藻堆积;7月3日,江苏沭阳自来水遭污染,20万人饮水困难;9月,昆明滇池污染严重,准备投入490亿元巨资引金沙江水冲滇池。太湖蓝藻危机之后,江苏省的一位领导在一次会议上说,太湖蓝藻事件让外界对苏南的经济发展模式产生了怀疑。而受怀疑的岂止是一个苏南模式!湖南省一位领导说,湖南省的和谐社会建设就是要看洞庭湖。一个省的和谐社会建设要看一个湖,这意味着什么呢?

由于水资源稀缺和水质性危机同时发生,现在又出现了一个新名词叫"空中水资源"开发。近年来,北京、山西、河南等省市每年都有开发"空中水资源"的计划指标。一些人的眼睛24小时盯牢天空的积雨云。你说这样的经济发展究竟是为了什么?

而随着经济增长与消费增长而来,食品安全与生态伦理也面临日益突出的矛盾。近年来,我们面临的消费安全问题,已经对消费者自身的生命健康产生不利的影响。农药残留、抗生素、泔水油事件等接二连三地被报道。成都的一个泔水油加工点将泔水油加工为食用油已经三年了,才于最近被曝光。我们吃的都是些什么? 食品安全问题不胜防范啊。我国的癌症发病率在持续上升,与上述讲的环境污染、水污染、食品污染问题是密切相关的。经济进步使人类的恶性疾病迅猛增长,这样发展的意义究竟何在!

荷兰 Eramus 大学的 Runt Veenhoven 教授长期从事快乐指数调查。他的研究表明,最近 10 年美国人和中国人的快乐指数都是下降的。美国自认为很快乐的人由 10 年前的 34% 下降到目前的 30%。1990 年,中国人的快乐指数为 6.64,1995 年为 7.08,2001 年下降为 6.60。

根据终极价值理论,如果经济有增长,人们的快乐幸福度没有提高,这样的增长就没有意义。财富只是一种工具和手段,经济学上叫工具价值,就像茶杯、螺丝刀一样,本身无法证明其好坏,只有能够提高人们的幸福、快乐指数时,才被证明是好的。这就向我们提出了一个重要的问题:经济发展究竟是为了 GDP 自身,还是为了别的什么? 它的发展怎样才能够增加人们的快乐和幸福? 上述提到的贫富差距、环境问题等是否可以避免或者至少是可以减轻的?

三、快乐是人类行为的终极目的

今天,人们对财富的兴趣似乎变得越来越浓。无论个人,还是政府,财富都处于很中心的价值地位。以至于造成了以过度的健康、环境、土地资源牺牲为代价来换取经济增长的不良后果。这是个很值得关注和将对国家的可持续发展产生重大影响的大问题。

那么,人生与经济社会发展的终极目的是什么呢?我通过对陈天桥发家的一个评论性文章,告诉大家这个真理。

2004年的《福布斯》中国财富排行榜,多了一些新面孔。长江后浪催前浪,世界本是如此的。财富榜年年换人,说明世界依然在进步。《中国青年》杂志社记者给我多次电话催促,说财富榜中有一位新富年仅30岁,叫陈天桥,且是娱乐行业的。一定要我发表点意见。理由是我是研究快乐的,人家是搞娱乐游戏行业的,看看人类是否已经进入到一个休闲与娱乐的时代。

直说,我不太喜欢大富,因为衣食住行已足,生命资源有限,健康、快乐便是首选。我说定了不会随波逐流地附和财富。因为无论是本人的研究成果还是国外的研究成果均证明:因为某些"大富"有赚过分的钱之嫌,而赚"过分"的钱(过分两字很重要,是指所付与所获的比例不等)于己于人于子孙于天下均无大益,甚至有害。仅以此提醒青年朋友。我婉拒不过,就写了一篇文章给他们,说明了两个很大的道理:

第一,快乐是人类生活的真谛和终极目的。人们一般以为,物质、金钱、名誉、地位之类是人类行为的最终目的。其实,这是一个大错误,精神快乐才是人类行为的终极目的和终极价值所在。从现象上看,人们行为的目的好像就是为了获取更多的食物、衣服、居所、金钱等物质对象,即其经济利益。然而其实,人类行为在本质上却真正地表现为精神快乐的需要和对精神快乐的追求。这些物质对象只是手段,快乐才是人类行为的终极目的。

第二,娱乐与闲暇是人类行为的长期方向。现在一些人还以为,劳动是人类的天性与偏好。其实不是这样的。人类原本没有劳动。劳动的产生,是后来人类的自我繁衍,逐渐超过了天然经济(天然的果子、鱼兽等)能够承载的资源限度而造成的结果,或者说是由生存环境逼迫与挑逗起来的结果。因而,在生物学上必可以证明,人类并不喜欢劳动,尤其是过度的劳动。劳动是由人类自身的繁衍行为造成又加于人类自身的一个矛盾——为了活命,只能拼命。而这种矛盾又以劳动侵占闲暇与娱乐这种方式表现出来的。这就是人类生活本身发展的一对深刻矛盾。

一些人以为人类具有喜欢劳动的基因,这可能是不对的。由于劳动具有减少闲暇,增加生命成本的显著特征,因而劳动毫无疑义地是一种外加而非人类所欲求的力量。据专家估计,今天人类如果完全仰赖天然经济,即真正意义上的不劳而获,地球资源只能养活几千万人口。距今天的60亿和未来的100亿人口相去甚远!人类劳动的发生和加重事实上又是人口过量增长的一个结果,而人口的过量增长,又是人类劳动的一个无奈的成就。人类自身的增长与人类劳动的加重相互影响,甚至发展到了今天以能够劳动(就业)为快乐、以不能够劳动(失业)为痛苦的结局。这既是人类生活的无奈,也是人类社会发展的无奈。过度的劳动与社会就业竞争,决不是人类理性发展的成就。那种把竞争越来越激烈当做社会发展成就来宣传的,肯定是无知的。因为,归根结底,这是劳动对闲暇的替代而不是相反。

当人类社会发展到一定程度后,劳动供给曲线必然向后弯曲——向人类真实的需求复归,从而使得休闲与娱乐不断增加。以前是每周工作6天,现在是每周工作5天,未来是每周工作4天、3天、2天、1天。直至我们可以在劳动与闲暇之间自由选择。这应是我们考察人类社会发展问题的基点,也是我们考虑国民幸福生活的基点。

但是,人是有限理性的,我担心由于网游的成瘾机理而使一些年轻人沉迷于网络游戏中的娱乐,对长期的快乐(健康、学习、工作)反而构成不利影响(这个话陈天桥看了可能会有一点不高兴)。这里就讲到了一个关于快乐的深入一点的话题——我们追求的快乐是人一生的快乐积分的最大化,而不是及时行乐式的只顾眼前、不顾长远的快乐。

快乐是人类生活的真谛,娱乐与闲暇是人类行为的长期方向。中国可能正在加速进入休闲与娱乐的时代。这样,如何使人们的闲暇时间变得快乐,就会成为未来社会发展的一个重要产业方向。陈天桥正是抓住了这个机会,满足了人们闲暇时间的快乐需要。并且,休闲消费与娱乐消费可能会成为未来一个重要的产业方向。有个日本经济学家叫青木昌彦,他给日本的新兴产业取名叫 National Cool,翻译过来就是国民快乐生活。这个 Cool"酷"的产业就是游戏软件业。现在日本的支柱产业已经由钢铁汽车业转向了游戏软件业,这也在一定程度上说明,怎样让人们的闲暇时间变得更加快乐,可能将成为未来产业发展的一个重要方向。并且证明了一个道理:在快乐与财富之间,更加可能的情形是,快乐(包括让别人快乐)导致财富增长,而不是相反。

四、经济增长要看是否有利于人们普遍的快乐生活

在快乐、财富与经济增长的关系问题上,我们有许多话题可以讨论。2005年1月4日的《市场报》转载了厉以宁教授的《中国经济增长势不可挡》和我的《中国应自我克制GDP增长》两篇文章。厉以宁老师的许多观点都是有启发意义的。但在我的这个文章中,我有一个观点,即便中国经济增长无可限量,我们也要限它的量,GDP增长过高、过快不是一件好事。因为经济增长需要考虑三个约束条件:一是生产能力,二是生态承载力,三是终极价值。光有生产能力,资源环境容量不够就不行,不符合终极价值即人们快乐幸福生活的增长也不行。如果用50个单位的环境效用牺牲换来30个单位效用的GDP增长,这样的增长还不如不增长。因为这样的增长给人们带来的福祉是负的,增长给人们带来的是祸害。所以,经济增长一定要考虑生态承载力,这归根结底是为了人们可持续的健康快乐生活。

事实上,经济增长的有些问题是很值得我们深思的。比如,近半个世纪来美国的人均收入提高了4倍,现在已经是人均44000美元,但国民快乐指数没有提高。不但没有提高,近10年来,美国人的快乐指数还是下降的。

这证明了一个问题：金钱不能购买快乐，钱多快乐指数不一定就高。这种经济增长与财富增长并不一定有快乐幸福增长的现象，被称为"幸福悖论"。

为什么会出现这种"幸福悖论"现象呢？问题的关键在于人们的价值理念没有很好的理清楚。在财富中心主义的注意力引导下，经济增长与收入增加常常以牺牲健康、亲情、闲暇与生态环境为代价，从而出现了我称之为"有发展，无提高"的发展新难题。即经济社会有发展，国民幸福指数没有提高。人们的幸福感、快乐感没有增加，有的反而是下降了。为什么会出现这种情况呢？因为中心价值观出了问题，见钱不见人，只为 GDP、税收、招商引资项目手舞足蹈。想没想过，环境没有了，洁净的水和空气没有了，健康、亲情没有了，这样的增长意义何在？正如快乐经济学家黄有光教授所言，不需要一组脏兮兮的增长数字！如果经济发展导致了这样的结果，那就是违背了人类行为的终极价值原则，即快乐幸福原则，那就值得反思与调整了。

我是从经济学跨学科的角度来解读快乐学的。这是一个"经济学帝国主义"的时代，却是一个无奈的时代。经济学是一门"沉闷的科学"，经济学家到处讲演，说明现实问题成堆并且似乎是越讲问题越多。只有诗人、艺术家、文学家称雄的时代，才是真正快乐的时代，是人们真正所期待的时代。

经济社会发展究竟是为了什么？假如经济增长不能惠及最大多数人的幸福，这样的经济增长便失去了最根本性的意义。

快乐是人类生活的真谛，娱乐与闲暇是人类行为的长期方向。在快乐与财富之间，更加可能的情形是快乐导致财富增长，而不是相反。

GDP增长过高不是一件好事，因为增长需要考虑三个约束条件，除了生产能力外，还要考虑生态承载力与增长的终极价值。

《陈惠雄解读快乐学》

第二讲

学一点快乐学：理念与模式

> 快乐和痛苦是人类行动的唯一动力,永远如此。
> ——爱尔维修:《论人》

  一般来说,人生的苦乐成 U 字形规律。儿童比较快乐,之后快乐水平随年龄增长而逐步下降,一般人的快乐至 30 多岁为最低点。我在浙江的课题调查证实,25 岁到 40 岁年龄组的快乐指数为最低。之后又随年龄增长而快乐增长。我的前半生就是如此,我想多数人也是这样的。老年人是比较快乐的。原因之一是老年人对于金钱、地位方面的要求比较少,容易满足。英国人有句俗话:人生从 65 岁开始。什么是从 65 岁开始呢?因为他们是 65 岁退休的。退休了以后才能够去做自己想做的事情,这样才能够享有比较充分的自由和快乐。英国人现在改变了这个口号,说人生从 45 岁开始,提出 45 岁以后就应该做自己想做的事情。这可能说明,现在的社会尤其是发达国家发展比较快,积累财富比较容易,加上社会保障又比较完善,45 岁就可以争取去做自己愿意做的事情,达到"自我实现"。所以,人生哲学的口号改变了,鼓励大家从 45 岁开始做自己想做的事情,以便实现自由境界中更大的人生快乐满足。

一、对快乐学理论的基本认识

讲快乐学,解读经济、人生与社会发展的终极目标问题,要让大家对快乐有一个基本认识。快乐实际上是一种(以人与世界的物质存在与人对对象与自我能量的消耗为基础,又超然于这种物质之上的)愉悦的精神感受。或者说,快乐是个人对其生活的积极的精神体验。它不光存在于人类,同样也存在于一切有苦乐感的生物中。所以,这个话题可以一直深入到有关动物快乐问题的讨论。快乐思想家们对人类行为的这种本质化解读,与我们对人类行为的表面认识有较大差异。因为,从表面上看,人们是在为争取各种各样的物质条件而努力,而不是精神快乐。

从目的论角度讲,人们生活在世界上要做各种各样的事情。做不同的事情就有不同的具体目的或目标。根据对立统一原理,在人类各种彼此独立且可能看似相互对立的行为目的(比如求生与寻死的对立)中间,一定存在着一个能够统贯所有具体目的、支配所有人类行为的终极目的。即无所不包的人类行为,都接受着一个共同、最终目的的支配。也只有人类行为的最终目的才反映着人类需要的真实本质。那么,这个人类行为的终极目的是什么呢?就是快乐!

心理学上讲,人的各种目的的形成都是以人们的各种生物官能欲望的存在为基础,而将客观外部世界带入到人脑中的反映。脑中枢根据传入信号与自身各种欲望满足情况产生需要或是排斥的行为。当人体感受器受到不良刺激物刺激时,一般会引起中枢神经的抑制过程,产生消退、逃避或排斥行为。当感受器官受到良性刺激物刺激时,一般则会引起脑中枢的兴奋过程,产生愉悦的精神感受,产生或加强对某事物的需要。因而,各种人类活动实际上都是对以中枢兴奋为生理基础的精神快乐需要的追求。

　　因此,人们的一切行为,最终都是为了实现各自精神上的快乐满足。无所不包的人类行为皆是在一定的精神快乐需要支配下产生的,皆为实现一定的快乐满足展开。这就是人类行为的终极价值原则——"快乐原则"。人们的各种行为与行为的具体目的都在这一原则支配下产生,都是人们精神上"趋乐避苦"的结果。

　　对于这个问题,可能大家还有些不理解。因为就表面看来,人类行为大多数表现为对各种物质对象与现实利益的追求。在现代社会潮流中,尤其如此。然而其实,正如商品社会中人与人的关系表现为物与物的关系一样,人类对于精神快乐的需要,表面上也表现为对种种物质利益或名利地位的追求。但在这些现象的背面,在这些物质形式追求的背后,却毫无例外地、真正地表现为对精神快乐的追求。人们爱吃可口的食物，听美妙的音乐，喜欢幽雅的居所，或追求创新性成果等等，这些行为在本质上无一不是对于精神快乐的需要和追求。因为可口的饭菜带来味觉的快乐，美妙的音乐带来听觉的快乐，幽雅的居所带来安全感与舒逸感的满足，科研成果带来创造欲的满足。所有的人都是在走着精神快乐满足这条共同的道路。趋乐避苦是人类欲望的真实本质，精神快乐是人类需要的真正内核和本质规定，追求快乐是人类行为的最终的、永恒的、共同的目的。或者说，"追求快乐、避免痛苦是人的本性。不论我们对快乐如何理解，我们所追求的都是我们认为快乐的东西，而不是与之相反"①。

总结精神快乐与物质手段之间的关系，我们当可以明白这样几个道理：

首先，人类的所有需要归根结底都是对于精神快乐的需要。精神快乐是人类需要的真正内核与人类行为的最终目的。各种物质对象只是满足人们精神快乐需要的"工具"或"手段"。在经济学中，快乐是"终极价值"，各种物质手段是"工具价值"。人类行为的最终目的并非在于"物质利益"，而是在于物质彼岸的"精神快乐"。人们之所以需要食品、衣服、居所、汽车等，只因这些物质对象具有能给人们带来快乐的属性。因此，经济增长只有能

---

① 郑雪等：《幸福心理学》，暨南大学出版社2004年版，第2页。

够使人们变得更加快乐和幸福,才真正有意义。

其次,满足精神快乐又少不了物质对象。没有物质存在、物品生产与物质消费,就没有精神存在与精神满足。也就是说,没有物质这个手段,精神快乐这个最终目的就无法实现。因此,物质资料生产、财富积累是重要的。这就是为什么我们讲快乐的同时,并不否认经济增长,强调要搞好经济发展的原因。

再次,人类消费物质对象(食物、汽车、衣服等),并不仅仅停留于自己的物质形式。最终都将转化为人们精神上的苦与乐,这就是人类行为过程中的"物质变精神"的道理。人类根据自己的精神快乐需要创造了各种各样的物质财富,这又是"精神变物质"的道理。人类社会正是在这种"物质变精神,精神变物质"的循环运动中产生出来,并不断向前发展的。所以,追求快乐便成为人类经济社会发展进步的基本动力。我国已故著名经济学家宋承先教授在晚年曾经强调指出:人的三大本能性欲望——官能欲、物质欲、追逐欲是人类行为的根本动力。他鼓励人们从人类行为的本源来解释经济与社会现象,这一解释思想是大致正确的。

然而,真正重要的问题是:满足人类精神快乐的对象,远不只是人们熟知的那点金钱财富。人类的需要包含极其广泛:和谐的人际关系,优美的自然环境,健康、亲情、创造与爱等等,都是获得快乐满足的重要内容。几乎存在的一切都会影响到人的情绪与心境,联系着人们生活的欢乐与痛苦。因为"快乐的含义可以是积极的活动的快乐或者是免除苦恼,精神宁静,心灵和平;可以是感官的快乐或者理智的快乐;可以是自我的快乐或者他人的快乐;还可以是暂时的快乐或者终生的快乐"①。

因此,被一些人认为几乎是唯一人生目标的金融资产与个人财富增值,实际上只是满足人类快乐需要的一个组成部分。人类之所以能够并且应当走出功利境界,进入到远为宽阔、远为高尚的道德境界和天地境界中去,从而实现更为广泛和充分的的快乐满足,达到多种境界的融合与社会和谐,完全是由人类自身中存在的那种远远超然于功利境界之上的需要决定的。比如爱、利他、善良、关心别人等。这事实上给我们提出了一个什么是人类的充分的快乐需要,经济社会发展又如何满足人类的这些全面需要——从而真正实现人的全面自由发展的事关人类未来命运的根本性的大问题。金钱财富决非是人类需要的一切,人类完全可以用少得多的金钱,少得多的自然资源损害,去获得更为广泛、更为充分的快乐满足。这就是快乐理论对于我们真正落实以人为本的科学发展观、构建和谐社会一个重要性所在了。

---

① 〔美〕弗兰克·梯利:《伦理学概论》,中国人民大学出版社1987年版,第138页。

这里，我还要和大家说一对概念：幸福与快乐。幸福在英文中是 well-being，是指一种良好的生存境遇。快乐一词英文中叫 hedonic，是指一种心灵的愉悦与欢乐。人们经常用的 happiness 这个英文词兼有幸福与快乐的意思。一般情况下，快乐与幸福（感）是可以在同等意义上使用的。但幸福实际上更加注重人生存的境遇，快乐更加注重心灵的愉悦。一种好的生存环境（如别人说你福气好）最终还是要经过人们自己心的苦乐体验才能够体现出来。所以，快乐与痛苦是人类生活最终极的体验，快乐是人类行为的终极目的。做工作，发展经济，让人们获得精神快乐才是最重要的。

二、快乐思想家寄语

快乐是哲学中的一个重要概念，也是人类生活的根本指导原则。由于快乐是人类行为的终极目的，所以到了今天，快乐已经由一种哲学思想发展成为社会学、心理学、经济学、管理学、生命科学等横跨社会科学与自然科学两大学科的重要理论与科学思想，并对我们的现实生活与理论思维产生着重大的影响。今天，关于国民快乐、幸福生活的概念已经引起全世界的重视，这种重视可能会在未来从根本上改变我们的社会生活模式与我们对待周围世界的态度。

快乐思想研究源于古希腊,最早见于希腊哲学家赫拉克利特(Heraclitus,约公元前530—前470年)关于生死苦乐的界说。赫拉克利特把死亡视为最大痛苦,把适应时世变化视作快乐之源,把个人的所有欲望都得到满足看做是不好的事情。这些与生死、适应相联的苦乐思想,真实地反映了原初人类观察世界的境界与视角,并且是非常真实的经验总结与认识反映。

伊壁鸠鲁(Epikouros,公元前341—前270年)是第一位比较系统阐述快乐思想的晚期古希腊哲学家。伊壁鸠鲁认为,人一降生就有趋乐避苦的天性。这种与生俱来且持续存在的感觉与要求,使追求快乐成为人类的共同本性。他认为,幸福生活(本文中幸福与快乐在同等意义上使用)是我们天生和最高的善,我们的一切取舍都从快乐出发,我们的最终目的乃是得到快乐。[①] 他认为生命有限而欲求无限,人的欲望永远不会得到满足。唯有节制,才能从精神上获得快乐与自足。伊壁鸠鲁反对纵欲的快乐主义,主张节制与淡泊的快乐,即"身体的无痛苦和灵魂的无纷扰"。伊壁鸠鲁把肉体的快乐与心灵快乐区分开来,认识到苦与乐的辩证性,认为心灵快乐更高级,更重要。他把欲望的快乐限制在保证身体健康必需的程度

[①] 周辅成:《西方伦理学名著选辑》上卷,商务印书馆1964年版,第103页。

上,强调清心寡欲,寻觅一种恬然安逸的生活,并把古希腊的传统美德——智慧、节制、勇敢、公正、诚实、友爱、信心等作为谋求快乐的主要手段。伊壁鸠鲁的快乐思想对昔勒尼派(cyrenaics)的纵欲的享乐主义哲学是一个大改进,因而获得了很多的信奉者,并对后来的欧洲哲学、伦理学乃至整个古典政治经济学的发展都产生了深远的影响。马克思称其为古代"希腊最伟大的启蒙运动者"。

英国伦理学家约翰·洛克(John Locke,1632—1704年)是近代初期一位有影响的、承先启后的快乐主义思想家。洛克调和了霍布斯的利己主义和剑桥柏拉图派的情感利他主义,提出了伦理学上的快乐原则。"我们称那易引起我们快乐的为善,称那易引起我们痛苦的为恶。"[①]洛克同样认为,人的天性趋乐避苦,以追求快乐为目的。不过,他把追求快乐与道德联系起来,认为人们必须用理智支配自己的欲念,才能避免痛苦,寻找到真正的快乐,这是较早的利他快乐主义思想的萌芽。洛克的这个思想对于我们今天的社会道德建设仍然是有意义的。

嗣后,法国人本主义哲学家爱尔维修(C. A. Helvetius 1715—1771年)在继承伊壁鸠鲁快乐思想的基础上,也提出了关于"自爱"的快乐观念。他认为,快乐的愿望是人类一切思想和行为的准绳,一切人的"自爱"行为都表现

---

① 洛克:《人类理解论》,商务印书馆1983年版,第235页。

为对快乐的不停追求。一切有意志的行为都不过是这种追求的活动而已,快乐和痛苦永远是支配人的行为的唯一原则。爱尔维修实际上是把追求快乐导向对人自身行为的追问,反映了一种人本主义的快乐思想。爱尔维修的思想表明,追求快乐是一种"自爱"的行为表现。这就说明了一个新的道理:人们要珍惜自己,珍爱生命,就要以快乐为目的,不要去做有害生命健康的事情。

英国伦理学家杰里米·边沁(Jeremy Bentham,1748—1832年)是快乐思想的集大成者。在边沁之前的快乐主义思想家,大多是从人类行为的本性与追求个人需要满足的角度来谈快乐的,最多加上必须道德地追求快乐这样一个要求,或道德本身就应包含在追求快乐的行为之中。边沁认为,自然赋予人一种对幸福的欲望和不幸的厌恶,它们是一种先天的倾向或实践原则,影响着我们全部的行动。边沁在总结前人利己的快乐主义的基础上,结合快乐主义的道德原则,从伦理学角度创立了"最大多数人的最大快乐"(the greatest happiness of the greatest number)这一利他的快乐主义思想,亦称为边沁的社会功利原则或功利原则。边沁提出的"最大多数人的最大幸福"原则,对于我们今天的社会发展与每个人的行为而言都是意义深远的。它表明,一个能够让最多数人获得最大快乐幸福的社会,才是一个真正能够取得和谐发展的社会。

"可以说,边沁是第一个以最大多数人的最大快乐为最高原则和最终目的的人生哲学家;也是第一个以最大多数人的最大幸福为基础,坚持'幸福'的数量意义,'大'的数学意义,而展开自己体系的伦理思想家;并且还是第一个试图把'最大多数人的最大幸福'道德原则运用到政治、立法、行政、司法等各个实际领域之中去的改革家。"① 边沁说:自然把人类置于两个最高的主人支配之下,即痛苦和快乐。恰恰是它们,指示我们应该做什么,以及决定我们将要做什么。边沁是功利(一切有"利"于产生快乐的行为与事物都是好的)原则的创始人,他把由伊壁鸠鲁以来的利己的快乐主义发展到利他的快乐主义,由哲学目的论快乐主义发展到伦理学道德论的快乐主义,这是边沁对快乐主义理论的一大贡献,也是其重大特色。

不仅如此,边沁认为追求快乐不但有其道德准则,而且还应有数量指标,以计算苦乐。他提出了测算快乐的七个指标。从对快乐追求的道德判断到对快乐的"数"的测定,是边沁的快乐主义理论的另一特色与贡献。尽管边沁的快乐主义还存在着关于以个人快乐为行为基点和以多数人幸福为行为准则之间未能调和的理论矛盾,苦

---

① 周辅成:《西方伦理学名著选辑》上卷,商务印书馆1964年版,第527页。

乐的具体数字测算也需要进一步借助实验心理学等方法进行解决。然而,他毕竟较为系统地阐述、集成并完善了快乐主义思想体系,把快乐理论往前大大推进了一步,是对自伊壁鸠鲁以来的欧洲快乐主义思想长期展延的第一次富含创新性的综合与总结,并对当时欧洲社会的功利主义思潮的蔓延产生了重要影响。诺贝尔经济学奖得主贝克尔评述道:在杰文斯、瓦尔拉斯、门格尔等人开始形成消费者需求理论之前,经济学家们经常讨论什么是决定欲望的基本因素。例如,边沁分析了14种基本的快乐与痛苦——所有其他的快乐与痛苦都被认为是这些基础集的组合。① 可见,边沁主义影响之远。

边沁之后,约翰·密尔(J. S. Mill,1806—1873年)对"最大多数人的最大快乐"原则作了进一步的补充与完善。密尔认为,功利主义以快乐为目的,就是认为只有快乐才是值得追求的,这一情形已被人人都在渴望幸福这个心理学的经验事实所证明。密尔特别强调把精神快乐置于物质快乐之上。他把目的与达到目的的手段两者区分开,认为美德也是争取幸福的手段。而快乐是最终目的,功利原则是人类行为的唯一原则。关于利他的快乐主义,密尔有一个明确的思想:即社会产生合作,合作产

---

① 贝克尔:《人类行为的经济分析》,上海三联书店1996年版,第300页。

生共同利益,共同利益产生共同的追求目标,于是就有利他主义。而个人利益与社会利益的和谐是保证实现最大快乐的重要前提。可见,密尔已较边沁的单纯讲人类因有天生的同情倾向和慈善心而产生利他主义的思想有明显的视角区别。密尔更多是从社会分工与协作的相互需要中来论证个人利益与社会利益、利与义、经济利益与道德情操的辩证统一性,并完善了边沁的社会功利原则思想,基本完成了哲学领域中的快乐思想的古典研究。

现代西方哲学领域中,快乐研究更注重现代性。马尔库塞(Herbert Marcuse,1898—1979 年)是其中值得一提的代表。马尔库塞强调追求快乐的理性条件以反对极端个人主义,强调对快乐的具体性追求以反对快乐论中的唯心主义,强调快乐追求与时代性的结合,并强调快乐的道德化原则。马尔库塞认为,快乐主义与理性哲学是一种对立统一。在抽象形式中,两者具有一致性,即它们都把建立真正人的社会作为社会潜能的目标。在具体的实践形式上,理性主义主张生产力的发展、生活形式的自由合理、自然的控制、联合的个人的自主批判,而快乐主义则强调人的要求和需要的广泛发展和实现、从非人的劳动过程中解放出来以及解放整个世界,从而实现享受。马尔库塞的这些理论表现出西方快乐哲学的时代特征。

中国传统学术中历来缺乏对快乐的研究,直到近年来才开始有所改观。当然,中国文化中关于快乐的经典言论不绝于史,如"有朋自远方来,不亦乐乎","乐民之乐者,民亦乐其乐","先天下之忧而忧,后天下之乐而乐"等等。而且,重要的是,《论语》等中国传统文化思想给予了人们做人的诸多深刻道理。中国儒家的幸福观、快乐观建立在德性主义——仁义礼智信的基础上,主张集体主义、群体主义的幸福价值观,崇尚孝道与中庸守常法则。《孟子·尽心上》中说,君子有三乐:"父母俱存,兄弟无故,其一乐也;仰不愧于天,俯不怍于人,二乐也;得天下英才而教育之,三乐也。"我们今天把它说为人生新三乐:助人为乐,知足常乐,自得其乐。我想,这些道理是人们获得心灵快乐的重要思想源泉。

20世纪80年代末,60多位诺贝尔奖得主联合召开会议,认为21世纪人类要活下去的话,一定要吸取孔孟学说。著名历史学家汤因比也认为,中国文化是最具希望的。之所以具有希望,就是这种文化中包含的道德、慈悲、善良、孝道、尊重、谦让、中庸理念给予人们心灵快乐的洗礼。

19世纪末,受西方文化影响,康有为在《大同书》中说:"人道者,依人为道,苦乐而已;为人谋者,去苦以求乐而已矣,无他道矣。"康有为这段话的意思是说:做人的规律就是苦乐两个字。治国要以人为本,这个以人为本的"本"是什么呢?就是要减少人们的痛苦,增加人们的快乐。除此而外,没有其他的规律了,这是治国的根本道理。康有为算是中国历史上理解快乐治国之道的重要人物之一。

1988年,西南财经大学出版社出版了我的《快乐论》,算是国内最早的专门研究快乐问题的一本小册子,提出了快乐是人类行为的终极目的的理论并进行了哲学意义上的解释。我在《快乐论》中写道:"不同的社会时期,快乐所达到的程度在人类发展的无限长河中构成了无数的质点运动。由此组成的无限螺升曲线是无穷维的,最终目的也永远不会有'最终'实现,人类永远要为自己开辟道路。这就是做人的快乐和艰难。"这说明,快乐这个人类行为的终极目的又是没有终极、没有尽头的。一个良好发展的社会将会为人们提供越来越多、越来越好的快乐满足条件。

到这里为止,我们已经讲到了关于快乐的五层道理:

1. 快乐是人类行为与经济社会发展的终极目的;

2. 我们讲的快乐最大化,是人一生快乐积分的最大化,追求快乐的可持续性,而不只是眼前的快乐;

3. 我们讲的快乐是最大多数人的最大快乐,而不只是少数人快乐;

4. 人类追求快乐是无止境的,所以快乐既是社会发展的根本的行为动力,也是社会发展进步的源泉。

5. 快乐是人类唯一有理性的终极目的。这句话是澳大利亚著名快乐经济学家黄有光院士说的。什么意思呢？就是说，当人们的行为对个人、集体和最多数人的长期快乐构成妨碍时，就是无理性的、不好的行为。只有符合快乐原则的行为，才是有理性的行为，才真正有价值。比如你用大量损害生态环境的办法来促进 GDP 增长，就是无理性行为，因为它会对最大多数人的可持续的快乐构成危险。

快乐学有这么丰富的内涵在里面，所以我们要把快乐学理论进一步普及化，让它真正为广大的民众所接受，所认识，就是一件很有意义的事情。

2007 年 5 月，我们在杭州召开了第一届国民幸福快乐全国学术研讨会，并在《光明日报》上发表了一个"杭州宣言"。2007 年 6 月，上海交通大学也召开了第一届幸福学国际研讨会。我们做的这些工作，是为了让大家明白一个道理：人民的快乐幸福生活才是经济社会发展的真谛。社会发展只有建立在这个终极价值原则基础上，才能够真正实现可持续的和谐发展与科学发展，才能够真正实现最大多数人的最大快乐目标。

歌曲《东方红》里面有一句歌词叫："他为人民谋幸福。"中国共产党的宗旨就是要为人民谋幸福，为最大多数的人谋幸福。而我们今天的社会生产力已经基本能够做到这一点了。可是，由于人们对于快乐学理论学习不多，经济发展没有真正实现以人为本，即以人的快乐幸福生活为本，社会分配中存在着一些不公平现象，既对改变弱势群体生活状况与区域生态环境不利,同样对富人生活快乐也不利,从而使社会处于一种快乐与幸福水平较低的状态。这是很令人担忧的。良好的生产力不能转化为良好的幸福指数,这很可惜。所以,我们要把快乐思想转化为我们今天的社会实践,让我们真正过上身心健康、社会和谐、生态优美、亲情和睦的快乐生活。

三、幸福悖论

由于快乐是人类行为的终极目的,这就需要全人类的共同关注。包括不同的人群,不同的学科。

从20世纪30年代开始,社会学家们开始从满意度方面考察人们生活幸福与满意的程度。在一定意义上,"生活满意度"能够反映出人们的生活幸福状况。今天我们讲的要看人民满意不满意,实际上就体现了国家政策的出发点,最终要由人们的幸福感来评价的含义。

幸福悖论是由美国经济学家伊斯特林提出来的。他在20世纪70年代研究发现,美国在过去几十年的经济增长中人们的幸福指数没有提高,自认为很快乐的人始终在三分之一左右。这一现象被称为伊斯特林悖论(Easterlin Paradox,1974),也叫幸福悖论。1976年,另有一位叫司徒斯基(Scitovsky)的经济学家出版了一本书,题目叫:没有快乐的经济,英文名叫:Joyless Economy。这本书很流行,20年后作者还专门召开庆祝会,说明他研究的问题没有过时,被证明是这么回事。

伊斯特林和司徒斯基这两个人的证明以及相关调查证据非同小可,使经济学家们大吃一惊。因为,经济学家原以为财富增加自然能够增加人们的快乐或效用,而事实却不是这样。快乐是人类行为与经济发展的终极目的,如果经济与财富增长不能够导致人们快乐的增长,这就是"幸福悖论",这样的发展可能就从根本上失去了意义。这个问题很严重,以至于使得经济学迷失了发展的方向。于是,人们开始探讨幸福悖论产生的原因,用了很多方法进行探讨与解释。

幸福悖论的提出,引起我们对这样一个问题的重视:即经济增长并不一定就能够促进人们幸福的增长,财富增加不一定能够提高人们的快乐。那这个问题究竟是如何产生的呢?究竟是我们的经济增长方式出现了问题,抵消了其他引起快乐的有益因素的减少,比如环境、健康、闲暇等,还是快乐幸福本身就是一个系统性的问题,需要我们关注社会的整体协调发展,而不仅仅是经济增长,并需要转变社会发展理念与社会公正的支持呢?这些正是需要我们认真思考和解决的。等到我们解释了影响快乐的系统性因素后,这个问题自然就有答案了。

四、享乐中心与快乐帽

由于快乐对于人类行为的终极价值意义,加之欧洲的快乐主义思想传统,欧洲在半个世纪前就开始了对快乐的脑科学基础的研究。脑科学家们发现,人脑是一个很奇特的东西,人脑中有一个享乐中心。我们现在吃的快乐、穿的快乐可能还是比较初级的。如一些人为什么会去吸食鸦片,这个问题就很值得我们思考。根据研究,人脑中存在一个内源性的鸦片肽。这个内源性的鸦片肽要用外源性鸦片去刺激它,才会感到快乐。所以,吃鸦片具有快乐效应,并且可能要超过我们从一般其他物品消费中获得的快乐满足。有一个缉毒大队的大队长,染上了毒瘾。记者去采访他,说你是做这个工作的,怎么可以碰这个东西呢?这位曾经的缉毒大队长告诉记者说:你是没有尝过这个东西的滋味呀,它比你所有享受过的最快乐的事情都要快乐上千倍。记者无言以对。

这位缉毒大队长的快乐体验大概是个事实。我们可以通过观察其他吸毒者的行为反应来证明这一点。但鸦片等毒品有极大的毒副作用,会破坏人的神经系统,对人类长期的快乐构成严重不利影响。所以,吸食鸦片属于无理性偏好行为,害己又害人,我们就要禁止它。

但是,这也给我们提醒了一个问题,有没有东西来代替这个鸦片，让人们既获得鸦片的快乐效果，又没有鸦片的毒副作用呢？科学家们长期在探索这个问题，并运用脑生物电流技术进行快乐仪器的研究。1999年年底，这种仪器被初步研制出来了，叫"快乐帽"，是一个类似网袋一样的东西，实际上就是运用脑生物电流技术原理对人的大脑的享乐中心进行作用。2000年年初，快乐帽在小白鼠身上进行实验，据说效果奇好。如果你不把这个帽摘下来，这个小白鼠会一直跳到筋疲力尽，甚至死为止。2003年，快乐帽开始应用于临床医学实验，主要是用于解除癌痛病人的痛苦，据说效果很不错。所以，在不久的将来，如果我们白天工作累了，晚上戴上一个快乐帽，快乐几个小时，第二天起来精神很饱满，既有利于工作，又有利于身心健康快乐。

快乐帽既有很好的快乐效果，又没有鸦片的毒副作用，这正是我们所期待的。相信在不久的将来，我们能够亲身体验这个东西，或者至少在临床医学上使用这个东西，减少病人的痛苦，让人们的生活变得更加快乐。科学的发达，生命科学的发展，最终是要让人们过上更加快乐的生活。这既是我们的现实，也是我们的梦想。

五、崇尚并实践快乐的国家：荷兰与不丹

快乐首先是个实践问题，其次才是对实践的经验总

结与科学探索。讲到快乐的实践,目前世界上最崇尚并实践快乐的典型国家有两个:荷兰和不丹。

荷兰崇尚的是一种个体快乐的社会模式。荷兰有几个事情是目前世界上其他国家暂时还没有的。

一是最先开放吸食大麻。大麻属于软性毒品类,主张开放吸食大麻的理由是,软性毒品具有医疗作用,可以让人入眠且暂时忘却不快。他们戏称此为"大麻保健服务",还开了大麻咖啡店。吸食大麻对人体有副作用,容易成瘾。但荷兰人认为,吸食大麻有助于快乐,毒性不大,又可以免除人们的好奇心,为什么要禁止呢?由于大麻的毒性相应较轻,在经过上上下下的讨论后,荷兰政府颁布条例,在一定范围内开放吸食大麻,以满足其快乐需要。荷兰政府一方面开放吸食大麻,另一方面大力宣传吸食大麻对健康可能造成的危害,告诉人们其中的毒害原理以及治疗制度安排。既满足了一些瘾君子的快乐需求,又告诉了人们其中的害处与防治之策。结果,效果较好。一些原来偷偷摸摸吸食的瘾君子经过一段时间吸食后,反而戒断了吸食。荷兰为什么敢这样做,理念是一个重要问题。但是,我们需要知道,除了荷兰、西班牙、瑞士等少数国家外,世界上大多数国家都是禁止大麻的。所以,如果我们到荷兰去,需要注意我们自己的法律限制。

二是为安乐死立法。为安乐死立法是基于"趋乐避苦"的终极行为原则。人都是害怕痛苦的。如果人的病痛达到极大又濒临死亡时,实施安乐死,对于减少病人痛苦,在理论上是可以成立的。马克思晚年也请求过医生,说当他过不去的时候,希望医生能够帮助他。这个帮助就是实施安乐死的意思。马克思信仰高尚,死得很安详,是在安乐椅上睡去的,也就用不着医生帮助了。荷兰政府正是根据人类的趋乐避苦行为原则,为安乐死立法的。

安乐死是一个复杂的问题,涉及经济、伦理、社会、立法等一系列问题。在荷兰,要求实施安乐死的病人,一般要求在实施前的半年内,在意识清楚并且是无任何外在压力的情况下,向医生或律师提出10次以上安乐死要求,当痛苦达到极大,确认生命无可挽回,实在没办法的时候,才允许实行安乐死。

在我国,关于安乐死问题的讨论已经进行过多次,理论上可以说已经解决,但还不能立法,主要是存在伦理风险。因为我们的经济条件还比较差,就担心有极少数子女,利用安乐死立法,诱使病中的老人去主动提出安乐死(也不排除有些老年病人得了绝症,为了节约家中的资源和免除自己的病痛,提出安乐死)。因为,在资源稀缺的情况下,家庭资源是祖孙三代人之间配置的结果。在我们这个爱幼甚于敬老的无奈时代,一般是家中资源较多地配置给了孙子,而较少地配置给爷爷。这种资源配置的现代社会理由是:孙子是家庭与社会的未来,这种资源配置有一定的根据在里面。所以,我经常给大学生讲:你这个读书的钱,可能就是你父亲给你爷爷吸氧气的钱,父亲把爷爷的氧气管拔下来,接到你身上来的。我说,这就是你没有理由不认真读书的理由。这种伦理风险我们无法控制。所以,我国目前还没有为安乐死立法,只能从医疗方面尽可能减轻重症病人晚期的痛苦,做好临终关怀方面的工作。

三是出版《快乐研究》杂志。全世界研究快乐幸福问题的学者都可以向这个杂志提供资料,发表文章,可见荷兰对于构建一个全民快乐国家的重视。荷兰首都阿姆斯特丹是一个快乐的天堂,有许多值得我们考察的地方。当然,我们可能会遇到追求个体快乐模式与我们自己的文化价值观、伦理观等方面的差异与矛盾。但,荷兰的许多做法是值得我们思考与参考的。

世界上还有一个非常推崇国民快乐幸福的国家,那就是不丹。与荷兰不同,不丹追求的是社会整体发展的国民幸福模式。从20世纪70年代开始,不丹就开展国民幸福总值核算。不丹是目前世界上唯一一个不以 GDP(国民生产总值)核算为中心,而以 GNH(国民幸福总值)核算为中心的国家。不丹的国民幸福总值核算(Gross National Happiness)由社会经济均衡发展、生态保护、坚持传统文化和实行善治良政四级指标组成。追求"国民幸福总值"最大化是不丹政府的最高奋斗目标。他们对这四个方面的平衡发展都很关注。举一个例子,不丹一年仅允许6000人进入该国旅游,每天的接待量不超过20个游客,进去一个外国游客要派三个人"陪伴"你,生怕你损害了他们的生态环境。不丹的森林覆盖率达到70%,到处都是参天大树,被联合国教科文组织评为世界上仅存的天堂般美丽的国家——地球上最后的"香格里拉"。"无山不青,无水不绿,美丽宁静,民风朴实。"这是一位中国记者对不丹的感受与写照。

不丹人为善尚义,贵德守真,崇俭抑奢,由于没有物质贪念,所以犯罪率很低。由于理念的重要性,大家向往共同的幸福生活,所以人与人、人与自然都很和谐。国王对权力非常淡薄,五十几岁就让位了,整个国家发展得非常和谐。在现代生产力背景下,天富了哪有人不富的道理,蓝天、甘泉、白云、森林,加上公平与丰衣足食的生活,满足了所有人的生活需求,人们不追逐金钱,不攀比。不丹这个模式很值得我们考察,既符合快乐原则,也是世界上唯一能走得通的可持续发展道路,尤其值得我国借鉴学习。下面是今年我国一位记者发表在《人民日报》上的对不丹的感受,题目为《"全球快乐排行榜"排第八 在不丹感受幸福》:

置身于无山不绿、无水不清的高原仙境,望着奔腾的河流、幽险的峡谷、湛蓝的天空、飘移的白云、雄伟的雪峰、宁静的庙宇,深深地呼吸着新鲜甜润的空气,每个初来乍到者的心里都会荡漾起一层层欣喜满足的波纹。①

再来看看我们对待环境的态度。我们经常强调的是今年又招徕了多少游客,我们的游客量又增长了百分之多少。这和不丹一年只允许 6000 个游客到他们国家旅游相比,谁对呢? 可能是不丹对了。因为,过多的游客超过了生态承载力,可能不是一件对可持续的幸福有益的事情。

不丹的模式说明了这样一个重要机理与经验:国民幸福是经济社会发展的终极目的。正如英国哲学家休谟所言:"一切人类努力的伟大目标在于获得幸福。"追求幸福是人类社会的永恒主题。在这个终极价值理念指引下,人们的行为将变得比较有理性,不容易被金钱物质所左右。人类将有更加自由的自我实现形式,将更加容易形成人与人、人与自然之间的和谐关系。把国民幸福置于首位的社会发展理念,既有利于资源环境的保护,有利于国家的又好又快发展,又有利于实现国民持久的快乐幸福生活。

为什么说不丹的模式可能是世界上唯一能走得通的可持续发展道路,尤其值得我国借鉴学习呢? 一是快乐是人类生活的终极目的,不丹全面实行国民幸福发展模

---

① 岳麓士:《"全球快乐排行榜"排第八 在不丹感受幸福》,《人民日报》2007 年 7 月 11 日。

式,很值得我们学习。二是不丹是一个全面平衡经济、社会、文化、生态与政治民主和谐发展的国家,符合人类快乐的广泛需求模式,走的是一条十分节约资源的国民幸福之路,尤其值得我国借鉴。我举个例子,以小汽车为例,如果我们学习美国的现代化生活模式,要赶上目前美国的消费水平,中国就需要有大约11亿辆小汽车。11亿辆小汽车是个什么概念呢?差不多要用掉我们所有的水稻田。所以大家想想看,假如中国也往那条路上走,学美国式消费,必定是死路。生态经济学家大致已经证明:在中国,"先污染后治理"的路,走不通;依靠科技进步解决污染的路,也走不通。你看,淮河、滇池,就是这个道理。并且,更加重要的问题是:美国式道路并不快乐。美国走的是一条以自我中心主义和物质利益为中心而不是以全体国民快乐幸福为中心的发展道路,所以能耗高,贫富差距大,犯罪率高,国民幸福指数比较低。

> 金钱财富决非是人类需要的一切,人类完全可以用少得多的金钱,少得多的自然资源损害,去获得更为广泛、更为充分的快乐满足。

《陈惠雄解读快乐学》

第三讲

快乐的主要特性与主要影响因子

> 在宗教、家庭情感和友谊方面,就是穷人也可以找到发挥许多才能的机会,这些才能是无上快乐的源泉。
>
> ——马歇尔:《经济学原理》

英国经济伦理学家边沁是我们在快乐学讲座中一再要提到的重要人物。边沁不仅提到了人的 14 种快乐,如感官、财富等的快乐,同时提出了计算苦乐的一些办法。边沁提出的计算苦乐的强度、持久性等因素,实际上是解释了快乐的一些主要特性,而今天核算人们的幸福指数主要是采用调查量表的办法。为了使我们能够对快乐学的中心问题有一个了解,我们需要对快乐的主要特性与主要影响因素做一些说明。

一、快乐的主要特性

(一)强度

快乐的强度基本上可以理解为人们实现快乐时带来的强烈度、满足度大小的差异。有些事物引起人们快乐的强度较大,有些事物引起人们快乐的强度较小。这种

情况在现实生活中很普遍,比较经验化,好理解。产生快乐强度差异的有三个主要原因:

一是由于人们快乐欲望的多样性(如食欲、美欲、领袖欲等等),不同欲望本身获得满足时(因人体各器官对于不同快乐感受的差异)表现出来的强度是有差异的。有些欲望的满足会产生很强的快乐体验,而有些欲望满足表现出来的快乐体验就要弱些。同样的欲望,如食欲,精美的饭菜常常能够比粗劣的食物给人们带来更高的满足度。为了使人们获得更高的快乐体验,过山车之类的刺激性强的娱乐项目就被设计出来了。据说乘坐过山车的过程中能够体验到冒险的快感。这可能就是人们为什么要生产一些更强满足度的东西以满足人们快乐需要的理由。在许可的条件下,人们一般愿意选择相对更加快乐的项目,这就是现在一个时髦的经济学——体验经济学与体验经济产生的原因。

二是同一事物渴望满足与获得满足时产生的快乐感强度是有差异的。许多东西都是这样,所谓"渴时一滴胜甘露,醉后添杯不如无",就是这个道理。经济学上叫做边际效用递减规律。

三是不同的人(或同一个人在不同的时期)都有自己最具快乐感的事物,这些最具有快乐感的事情的实现,往往能够给人们带来强度很高的快乐。慈禧太后的最大快乐是权力,欧也尼·葛朗台的快乐是金钱,爱因斯坦的最大快乐是创造。

（二）持久性

持久性是指一种欲望满足给人们带来快乐的持续期间。有些事项给人们带来的快乐持续期间很短暂，如一顿可口的饭菜给人们带来的快乐的持续时间可能是短暂的，嘴巴一抹，滋味的感觉渐渐退去。有些事情给人们带来的快乐却很持久。传统中国人讲的人生两大极乐事：一个是"洞房花烛夜"，一个是"金榜题名时"，实际上就是两件具有持久性快乐的事情。

我们先讲金榜题名时。"金榜题名时"不仅仅是指科举制度下中举人、进士一时给人带来的快乐，而更多地是指金榜题名后，给一个人带来的职位升迁、收入增加、社会地位提高、社交圈扩大等等的机遇与快乐，这种快乐甚至是维系终生的。明代吴敬梓先生的《儒林外史》中写了一个范进中举的故事。范进是个穷秀才，家里很穷，年纪也大了，一直未中举人。以前是秀才比较穷，鲁迅笔下的孔乙己就是个穷秀才。但举人就不一样了，举人可以"候补"做官，地方的新任县官到任时，还必得先去拜访，才敢去坐位子。暂时没有职位安排时，举人可以"候缺"。历史上，只有穷秀才，没有穷举人的。范进家里很穷，杀猪的丈人老头也看不起他。考完试，家中已经揭不开锅了。老母亲让范进去街上把家中的一只老母鸡卖掉，换点米回来。这时,范进中举的差官来报喜了。丈人老头马上转换脸色,称女婿范进为文曲星。很快,有一位张乡绅的给范进送银子、房子来。范进中举人时已经54岁了,后来又中了进士,做了官,地位、收入、家庭环境全都改变了。所以,有些事件给人们带来的快乐的持续性是很长的,甚至可以是终生的。但范进在中举前后的人生态度也变了,变得不是一个老实书生的态度,这就很不好。

再说"洞房花烛夜"。洞房花烛夜不是说你结婚那天,有那么多的亲朋好友来祝贺,你穿新衣服,新郎新娘初次相见的快乐(因为以前是父母之命,媒妁之言,没有自由恋爱的,很多夫妻在进洞房之前都没有见过面)。而是指通过新婚这个仪式,由此带来的家庭组建,新的家庭分工合作的形成,亲缘纽带的扩大和亲缘之间的心理维护效用等等。由于传统社会的婚姻关系比较稳定,良好的婚姻给人们带来的快乐与幸福往往是能够伴随人一生的。

一般而言,生理性的欲望满足的持久性较为有限,荣誉、地位、环境、亲情、宗教等都是一些能够给人们带来持久快乐的因素。生态环境的改善、亲情的浓厚和宗教对于生死轮回的缓解,往往能够给人们带来身心体验与信赖方面的持续的快乐。包含大量精神要素的东西给人们带来快乐的效用要相对持久得多。所以,许多思想家都指出,精神快乐比之物质满足带来的快乐更加重要,也更加持久。

（三）确实性

确实性可以理解为快乐实现时给人们带来的切近真实的程度。快乐有三个来源：当前的消费、回忆和憧憬。现在有了网络，虚拟情景也已经成为人们获取快乐的一个新来源。快乐的确实性给我们一个很好的启示：人们的快乐除了可以通过衣食住行、与亲朋好友的交流等当期行为获得满足外，还可以通过回忆一些快乐、有趣的往事，憧憬美好的未来而获得快乐。这为我们获得快乐提供了一些另外的重要途径。多想想好的事情，烦恼忘得快，忧愁随风飘去，人们的快乐就会增多起来。比如，在睡觉前经常想想一些美好的、有趣的事情，一些相声、小品片断，使自己在充满乐趣的思想中慢慢潜入睡乡，就是一个不错的选择。

（四）远近性

人的一生中，有些快乐的获得比较容易，比如杭州人去看一下西湖风景，吃一顿西湖醋鱼。但人生中有许多快乐的获得，是需要长期期待并付出大量努力的。中国人讲的"十年寒窗无人问，一举成名天下扬"，就是属于这种需要特别期待与付出努力的事情。为了那一"扬"的快乐，需要经得十年板凳冷的苦功夫。那一扬的快乐指数很高,为什么呢?因为其后的效用大概也很大,但却要熬上十年的苦功夫。当年范进54岁才中举,秀才连举人共考了35年,因大喜过望而差点乐疯。以前的科举制度有些害人,还有更大年纪的人都在考。从前还有一位秀才提着灯笼,上面有趣地写了"百岁观场"四个大字。那位秀才100岁了,还在想考举人,你说这个快乐来得远不远。大家还可以问问77、78级那些当年恢复高考而得以读大学的人们。像我就是读了10年书,又种了6年田,期待了16年,才获得了高考恢复的那么一个机会的。

人生中有些快乐的事情既因期待的时间长,亦因期待长和长期投资得到的快乐有很大的持久性。现在的读书是20年寒窗都不止了。人力资本投资的快乐回收期更长了。快乐的远近性特征及其人们对于近期快乐与远期快乐的不同追求,包含着个性、毅力、投资能力、理性选择等方面的个体差异性的复杂变化。这说明了一个重要的道理:快乐既是个实践问题,同时亦包含着深刻的哲理。我们讲快乐是人类行为的终极目的,决不是教导人们只讲享乐不要艰苦奋斗,更不是倡导及时行乐。而是指明了人类行为的这样一个终极价值与根本方向。人们在这一终极价值理念下,根据每个人自己的情况,进行适合个人实际的有理性的人生选择,才能够实现快乐最大化的人生目标。

(五) 纯度

纯度大致可以理解为人们在获得快乐的同时,是否带有某些福利牺牲和痛苦。用经济学的术语讲,相当于"快乐净收益",它是快乐(收益)减去痛苦(成本)的剩余。为什么要讲快乐的纯度问题呢?一是说明,人们在获得快乐的过程中可能存在着一些成本与痛苦的代价。比如,为了老来能够更好地享受人生,年轻时必须努力读书、工作。二是中国有个特别明显的事情需要提醒,就是亲缘利他的无理性问题。我们有些父母亲往往愿意牺牲自己10个单位的快乐来增加子女1个单位的快乐。什么都省下来给子女,而有些子女因为钱来得太容易,反而不珍惜。不珍惜父母的爱,反而是乱花钱。子女们过度占用本来该由父母亲使用的资源,和我们在经济建设中过度占用本该由子孙后代使用的资源,是一样的道理,都会引起快乐纯度的下降。这就好比我们要用绿色GDP来矫正目前的GDP核算是一样的道理。

我们在获得快乐的过程中,经常要付出一些代价,比如放弃休闲与承受痛苦。社会的发展目标与制度安排一定要尽可能减少人们为获得快乐而承受的痛苦,使人们获得尽可能大的快乐净收益,幸福没有杂质。尤其是像山西黑窑工事件中的老板那种把自己的快乐建立在他人极度痛苦之上的事情一定要杜绝!否则哪里来的人民幸福,哪里来的和谐社会？把个人的幸福建立在别人的痛苦之上,这种幸福是缺乏伦理的。所以,我们在讲快乐的时候需要强调一个"道德一致性"的问题,就是要以最大多数人的可持续的快乐为追求快乐的基础原则,以真正实现最大快乐的社会目标。

快乐的纯度问题包含着人类获取快乐与幸福过程中具有痛苦的某些必然性原理。人类社会的发展是要通过不断提升的科学技术水平和道德境界来减少这必然性的痛苦,不断增加人们的快乐水平,结果就是国民幸福指数的不断提高与快乐纯度的持续增加。

（六）联系效应

快乐的联系效应是指一件快乐的事情可能会带来其他方面的快乐的事情的产生。我认为,无论是从个人还是社会来说,能够产生最大快乐联系效应的事情莫过于读书受教育。读书会在教育—就业—职务—收入—地位—社会关系—个人理性提升等方面构建起一条快乐的联系效应很广的路径。孔子说:"万般皆下品,唯有读书高。"有没有道理呢？我看是有相当的道理。孔子这话不是轻视种田、做工的意思,而是说,读书在人生中是最重要的事情。今天,种田、做工也全都需要读书了,没有知识,做不好事情,工作效率提不高,快乐就没有了。所以,对于国家来说,办好教育也是一件最能够赐福给国民的大事。

由于快乐理念的传播，我们今天还能够看到关于经理快乐有助于员工快乐，从而有利于提高企业效率的事例。这是一个关于团队快乐的联系效应的事例。经理快乐会有助于管理班子、领导班子快乐，管理团队的快乐与和谐会感染到整个企业员工，从而有助于提高组织的整体工作效率。我们曾经讲过，在快乐与财富的关系上，更加可能的情况是因快乐导致财富。同样可能的情况是，因快乐导致效率，又因效率而增加人们的快乐，从而形成一个快乐与效率的良性循环。因为，大家快乐了，心情舒畅，能够发挥积极性与创新性，这就是快乐对财富与效率的联系效应。

（七）个体差异性

每个个体对于快乐的追求都是有差异的，这受个人的年龄、身体、性格、偏好、价值观、环境与教育等因素的影响。有人助人为乐，有人损人为乐；有人以安生为乐，有人以贪欲为乐；有人以吃穿为乐，有人以创造、奉献社会为乐。经历与经验往往会引起人与人快乐观的差异与一个人快乐观的改变。

每个人在自己的生命周期里，对快乐的追求也是存在差异的。年轻时追求什么，中年时追求什么，老年时又追求什么，这些都会引起快乐追求的变化。但现在的一些做法很成问题，幼儿园就背上大书包，快乐的童年没有了，这可能对人一生的幸福感与心理健康都会有不好的影响，所以这个问题要引起社会重视。

（八）时代变迁性

随着时代变迁，不同时代的人的苦乐观是不一样的。人们讲的有些代沟问题实际上是不同年代的人的快乐观、幸福观的差异问题。不同时代的人，追求的快乐往往差异明显。现在的年轻人和我们那时候年轻人的追求就不一样了。80年代以后出生的人跟70年代以前的人，追求的快乐观也有差异。你看现在那个歌台下，80后的人能够为那些我们听不懂的歌疯狂，我们几乎无法理解他们的感受。同样地，他们可能也难以理解我们对邓丽君歌曲和更早一代人对《游击队之歌》的感受。这就是快乐在音乐意义方面表现出来的时代变迁性呵！社会能够为不同时代的人们提供快乐，就会使我们的时代变得绚烂多彩。我们能够适应或至少是尊重时代的变迁，则我们人人都会获得更多更好的快乐满足的机会。

时代在进步，快乐观在变化。"在美国和其他发达的工业国家中，许多人都准备接受较低的经济增长率和较差的经济效率，以换取更舒适的城市、更好的自然环境保护、更少的个人和阶级歧视。"①最新的美国民意测验表明,只有很少一部分人希望"达到更高的生活水平",多数人希望"能够从非物质体验中得到快乐"。这反映了人类在饱经工业化沧桑之后的一种新的快乐观。今天的中国,正在逐步觉悟到这一点,这本身就是一件令人快乐的事情。

二、影响快乐的六大要素

边沁把人的快乐分为感官、财富、技能、和睦、名誉、权势、虔诚、仁慈、作恶、回忆、想象、期望、基于联系、解脱等14种类型。是的,所有这些都会对人们的快乐产生影响。但是,正如一些学者看到的,边沁的这种区分显得很零乱,所以他的这个区分没有被多少人传播。实际上,人类快乐发生的基础是人体生理这种客观物质存在的需要和反映,是外部世界在人的主观世界的反映。我提出,影响人类快乐的变量由自我到宇宙的六个方面因素组成,(见图3-1)。这六大类因素系统而全面,是影响人类快乐的系统性的内容。

---

① 〔美〕阿兰·G.格鲁奇:《比较经济制度》,中国社会科学出版社1985年版,第27页。

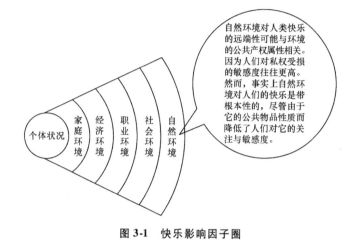

图 3-1 快乐影响因子圈

（一）健康

对于一个人的快乐幸福生活来说，健康是首要的。因为健康的身体、健康的个性心理状态和健康的价值观实际上是人们获得快乐的最重要源泉。这三者又可称之为健康的个体状况。

第一，健康的身体。人们为什么追求快乐，追求快乐本身就是身心正常发展的需要。假如你身体不健康，得了病，对相应的快乐需求就没有了。胃口不好，就吃不好饭，情绪不好，睡觉就不香。所以说，健康的身体是获得快乐的第一基础条件。假如身体健康没有了，快乐生活就无从谈起。人们说，健康是1，其他是0，是很好的经验总结。人的生命健康行程犹如一根燃烧的蜡烛。这根蜡烛如果没有被恶风伤蚀过,它可以燃烧得很久,90岁、100岁,持续放光,慢慢熄灭,无疾而终。如果蜡烛被风蚀流油了,犹如人体被损伤,生命健康就会大打折扣,50岁、60岁,就折亡了。

第二,健康的个性心理。国内外研究快乐问题的专家发现:十年前感觉比较快乐的人十年后仍然感觉快乐,对未来的预期仍然快乐,个性的差异可能是重要原因。所以,一些心理学家把快乐解释为个性遗传问题。根据研究,大约有10%的人个性心理存在问题。有些人看周围的事情,横竖不顺眼,经常是以增加别人痛苦的方式来增加自己的痛苦,损己害人。这实在不是好的性格与处事方式,不是珍惜生命快乐该用的方法。同样的一个事情,有些人就感到很快乐,有些人却不是这样。2007年3月16日,温家宝总理在"两会"记者招待会上答记者问时,讲什么是快乐呢?他借用了诗人艾青的两句诗:请问开花的大地,请问解冻的河流。开花的大地和解冻的河流代表着春天的到来,这是一种快乐的境遇,加上一个健康的身体去欣赏,就会有快乐的心境与愉悦的感受。

唐代诗人张若虚在《春江花月夜》中,写了一幅关于春天的天人合一的完美意境:

……江上何时初见月,江月何年初照人;人生代代无穷已,江月年年望相似;不知江月待何人,但见长江送流水。……

张若虚将江、月、人、春、水的意境写得是那样的旷然浩渺。他那对盘古开天的彻问,显示了诗人对人生沧桑的无限遐思与坦荡襟怀,自有无限的人生意趣包含其中。但在唐代诗人冯延巳的眼里,这个春天的感觉就悲楚得不行了:

> 莫道闲情抛掷久,每到春来,惆怅还依旧。日日花前常病酒,镜里不辞朱颜瘦。湖畔青芜堤上柳,为问新愁,何事年年有。独立小桥风满袖,平林新月人归后。

世界上有许许多多快乐的事情,快乐几乎无处不在,无所不在。转变一下观察世界的视角与态度,可能就会让你变得开心起来了。再者,多想想快乐的事情,不要过于苛求自己,心态就会平和,就有利于身心健康。实际上,身体与个性不仅仅受先天因素的决定,事实上也受后天社会环境、教育与社会相互作用的影响。经验与实验均证明,人们的个性也会随着社会环境与知识、经历的变化而调整。把自己的身心往健康的方向去调整,放开自己的胸怀,就是一件十分有利于快乐的事情,并且将终生受益。有专家认为,如果你想变得快乐,你可以先假装快乐,最后就一定能够变得快乐。我建议搞乐吧、笑吧,捧腹大笑,最后一定会有利于人们的心理调节,使人们的生活变得更有趣,更快乐。

最近有位名演员在反思,发现我国一些文坛泰斗几乎都很长寿:巴金,终年101岁;冰心,终年99岁;臧克家,终年99岁;张中行,终年97岁;而国学大师文怀沙和季羡林,一个97岁一个96岁至今健在,而且耳聪目明,神清气朗。而一些影视明星却不够长寿:侯跃文,59岁就病逝了。还有,文兴宇、傅彪、赵丽蓉、高秀敏、李仁堂、古月,他们都处在艺术事业的巅峰,却无一例外地由于疾病突然离去了。

其实,岂止是文坛泰斗很长寿,经济学界的老前辈也很长寿。薛暮桥享年101岁;著名发展经济学家张培刚教授95岁,于光远教授93岁,都还健康地生活着。于光远教授还著述不断。南开大学的杨敬年教授则以98岁高龄翻译出版了《国富论》。2006年暑期,我们在天津师范大学开会,杨敬年教授还为我们作报告,一楼到二楼没有电梯他是走上来的。而且作报告非常谦虚,说要向大家学习。这样谦虚而博学的人如何能够不长寿呢?所以,有人得出结论说:经济学家也一定长寿。

实际上,长寿之人可能不在乎什么家。他们的共同特点是,内心世界大多很平静,生活有规律。生命不能像上满了发条的闹钟,总是处于一种高强度和高负荷的状态。那些世纪老人,文学大师们,他们总是静悄悄地躲在一边,守着书本守着文字,安静地想着自己的事情,傍晚在院子里散散步,和隔壁刚刚会走的小孩打声招呼。他们平和而安宁,博学而优雅,健康而长寿。试问,还有什么比这更重要呢?这是刘晓庆感悟人生时写的一段话。

第三个是健康的价值观和健康的思想。价值观是人们对于存在世界的看法与认识态度。人的行为都是在相应价值观指导下进行的,价值观对于人们能否获得快乐的生活、营造快乐心态影响极大。互利合作的交易原则、积极向上的生活态度、利他主义的道德境界、健康的自尊等,都是有助于人们快乐实现的思想法宝。人们可以生活在一个贫困的现实生活之中,但对世界充满爱心并乐于助人,他仍然可以生活得充实,并拥有快乐。因为,乐观代表了对未来生活的信心,并且为大多数人谋幸福的人可能是最幸福的人。而一个人如果过于计较个人得失,喜好攀比,郁郁寡欢,即便拥有许多财富,可能也难以获得真正的幸福。

对于健康而言,有一个情况需要特别说明。根据研究,身体情况稳定下来的残疾人,随着心理的调整,会有一个快乐的心理恢复。所以,只要残疾患者不失去生活的信心,保持乐观的生活态度,仍然可以找到许多生活的乐趣。这不仅对于我们的残疾患者是一个福音,而且对于所有遭受挫折的人来说,都可能是有启发的。这在某种程度上说明,心理健康、心理调整与价值观对于人们的精神快乐是同样甚至是更加重要的。

有一位对我国传统文化深有感悟的蔡礼旭老师,出生在台湾,后来专门研究儒学。他在讲幸福人生时提出来:人生怎么幸福法?幸福的人生一定有幸福的思想观念。有正确的思想观念才会有正确的行为,有正确的行为才会有正确的习惯,有正确的习惯就会有正确的性格,有正确的性格就会有好的命运,有好的命运,人生一定会幸福。

我国著名经济学家茅于轼教授在《中国人的道德前景》(第二版)中专门写了"道德与快乐"一章,茅老师说:自己快乐、给人快乐是人生最重要的学问。慈善事业是一种快乐的事业,帮助别人的人和被别人帮助的人都会感到快乐。宽容比复仇更能增加社会的快乐。全社会的快乐(也就是最大多数人的最大快乐)才是我们真正应该追求的东西。①茅老师的这些论段非常精辟。一个人拥有这样的道德境界并付诸行动,如何能够不快乐呢?如果大部分人都拥有这样的境界并付诸行动,这个社会如何会不和谐呢?

那么,正确的思想观念、健康的世界观哪里来呢?教育。包括科学教育与文化教育。科学教育能够提高人们对世界真理的认识,使人变得更加有知识和理性,从而为

---

① 茅于轼:《中国人的道德前景》(第二版),暨南大学出版社2003年版,第202—219页。

提高人们的工作技能、获得事业成功奠定基础,使晚年能够享受丰富的人生成就与幸福生活。文化教育、尤其是像我国传统文化精粹教育,能够为提高人们的道德意识、构建和谐的人际关系,从而获得心灵深处的精神快乐提供重要帮助。

(二)亲情

健康与亲情这两个因素要占到影响人们快乐因素的50%左右,远远要超过收入对人们幸福生活影响的程度。在国外是48%多,我在浙江省的调查是占到51.6%。这个研究在国内外是比较接近的。所以讲,健康非常重要,亲情非常重要,这就是关于快乐的基本真理。以后你们听快乐学、幸福学课程,可要带着自己的亲人一起来。美国总统的保健医生给小布什开了三条健康处方:第一条,每星期与夫人至少相处15个小时以上;第二条,每天至少与夫人共进晚餐或共进午餐一次;第三条,在节假日全家一起去旅游,旅游的时候夫妻手牵手。所以,我们看到布什每次出访一定带着他的夫人,相互牵手。我们感觉都挺不好意思的。为什么医生要让布什与妻子多些时间在一起呢?因为亲情对于快乐幸福生活而言是个非常重要的东西。

亲情的组织基础是家庭。家庭对于人们的幸福有三大好处:

第一，家庭是属于家庭成员尤其是夫妻双方共同共有的组织，做事不用斤斤计较，这样大家的心情都舒畅。什么叫共同共有的组织呢？打个普通一点的比方，就是你赚的钱你老婆也有份。比如，我赚来的钱都交给我爱人的，我自己兜里一般不超过300元钱，因为我很节约，钱对我来说没有什么大用，钱花不出去，除了开车、手机有点消费。如果没有一个车的消费，就没有什么大消费了。我们家全部的存折都由我爱人保管，我爱人做家务的积极性大大提高了。当然，这是一个开心的笑话。我没有钱上缴，我爱人做家务照样很开心。这就是家的幸福，彼此没有半点计较。

第二，家庭的分工效用。家庭是共同体，应当发挥各自所长，不要因为你赚钱很厉害，就要比你的妻子或丈夫高一点，在家里面是平等的，只是发挥各自所长，相互弥补。比如我会搞研究，但我不会家务。我爱人文化低，但做家务就有专长了。我读书多，就做研究，家务就主要由爱人做。我有时间就把网络上看到的、外面听到的新闻，加上自己胡编乱造的，讲给她听，大家都很开心，又可以发挥各自所长。这样，我就做我自己喜欢做的事情，我爱人也就做她喜欢做的事情。大家都很开心。所以，我经常会和年轻人开玩笑，倡导"丈母娘领导下的妻子负责制"，我想这是一个够开心的现代家庭治理结构。

第三，家的设防成本很低，有很大的心理安全和心理维护效用,所谓家庭是心灵的港湾,从而使家成为坚定而持续地影响快乐的基本因子。即便外面的世界骇浪滔天,家的港湾里仍然可以波澜不惊。在外面遇到不顺心的事情,回到家里跟亲人讲讲,负重的心情就可以释然,从而产生很好的心理安全和心理维护效应。

家庭的设防成本很低,有些话在单位里不好讲,如果你讲得不好,可能会在以后的职务上升等方面遇到问题。但这个话你可以回家跟老婆(老公)讲,你的老婆(老公)一般不会去单位告发你,说我们家某某在家里讲了什么。所以,家庭的设防成本非常低,天伦之乐是人生中最重要的快乐内容之一。大家都要珍惜家的亲情给你带来的快乐与幸福生活。

当然,经济学家总是离不开算账,我们也可以算算婚姻这个账。其实,与婚姻的成本相比,存在极大的快乐净收益。只是由于两个原因:一是资源对象的低稀缺度,即男女性别比差不多;二是婚姻的互惠互利性,这两条才使得结婚成为成本很低的事情。一百多年前,著名经济学家马歇尔在《经济学原理》中写道:在宗教、家庭情感和友谊方面,就是穷人也可以找到许多发挥才能的机会,这些才是无上快乐的源泉。

讲到亲情与家的快乐,洪昭光教授讲了一段很好的话:"世上只有家最好,男女老少离不了。男人离家死得早,女人离家容颜老。有家看似平淡淡,没家立刻凄惨惨。外面世界千般好，不如回家乐逍遥。男人要想身体好，下班回家半小跑。一杯清茶一张报，闲来多往厨房跑。"当然，跑厨房不一定就做家务，与在厨房做饭的亲人说说话也是好的。

讲到亲情快乐与结婚问题，我要和大家谈一个深入的话题。现在的结婚已经逐渐变得不那么容易了。一些人甚至已经很难结到婚，结婚对于不少人来讲，已经成了一件奢望。据估计，每个大城市里面都有将近 20 万的大龄青年没有结婚。2007 年天津市妇联做了个调查，天津的单身大龄青年有 30 万。在这样大量的单身族中，城市是大龄女青年居多，农村则是大龄的光棍汉居多。2006 年广州的调查显示，70% 的未婚单身族是女性。2007 年更爆出广州有上百万单身白领的新闻。有个笑话，说深圳街头的女人，十个里面有九个是未婚的，十个未婚女里面有九个是大龄的。虽然笑话有些过分，但却也道出了深圳大龄未婚女的比例严重超标的情况。

在农村呢，是大龄男单身汉居多。海南有一个村子，兄弟三个都是光杆，其中一个告诉记者说：村子里有 100 多个 18 岁至 40 岁的男人至今没有结婚。附近村子的情况也差不多。他们不知道该怎么办，也不知道在哪里才能找到老婆。他们看着村里的那条主路，期望能有合适的女子经过。但路上空无一人。

贵州牌坊村全村 2249 人，665 户，有 282 条光棍。全乡8个行政村有1500多个光棍汉。一位光棍汉对南方周末记者说:"你带个女娃过来,1000块钱。"可能这个光棍汉觉得钱太少,又伸出3个指头:"3000,怎么样?"有三个外地客商开着车到该村招工,外加"介绍对象"一个条件。话一传开就变成"外地人带女人来了",全寨都轰动了。①

所以,单身汉问题已经成了一个严重的社会问题,已经在相当程度上妨碍到了和谐社会建设。我们要认真思考和解决这个问题,让大家都过上快乐、幸福的生活。

我是研究快乐问题的,每每想到这个问题,就自感责任重大。要说清楚这个问题,并且要提供一些切实可行的解决方法,并不容易。饱汉要知饿汉饥,否则,下辈子上帝会惩罚我们也当饿死鬼的。大家都要分担一点责任啊!

为此,2005年我专门写了一篇长文章来分析家庭、婚姻与社会演化问题。因为,我们知道,有婚姻的人比较快乐,单身汉比较痛苦。而且有研究表明,单身男性还明显要比已婚男性早亡。2006年11月杭州的《今日早报》记者也感到这个问题的严重性,发了一个整版,我专门谈了这个问题。

从社会经济学角度考察,造成目前我国结婚难的主

---

① 王轶庶:《贵州牌坊村282条光棍的心灵史:我需要女人》,《南方周末》2007年8月16日。

要社会机理是这样的:现在中国有1.2亿农民在城里打工。根据中国的婚姻现象,农村来的灵光一点、漂亮一点的小姑娘可以嫁到城里差一点的男子,这样农村姑娘就占领了城市婚姻市场的一个份额,导致城市大龄女青年、尤其是高学历的白领女青年多出来了。而农村来的小伙子必得回去娶亲,他来杭州打工,娶个杭州姑娘不大可能。他回去娶亲,那个姑娘没有了,嫁到城里去了。这样,农村的大龄男青年就多出来了。这样一来,问题就跟着来了:

第一个大问题,市场经济对于资源配置实行两条规则:一是自由流动;二是出价高者得。就是谁出的价钱高,我嫁给谁。总体上讲,城里人比农村人有钱,2006年城乡收入差距扩大到3.28:1。而浙江农村人又比江西农村人有钱。于是就出现了:浙江到江西去"买"老婆,江西到贵州"买"老婆,贵州到越南"买"老婆的现象。据说越南的小姑娘花很少的钱就可以过来结婚了。眼下的婚姻也奉行市场经济规则。婚姻也是资源,是可以自由流动的,并且往往是谁出的价格高嫁给谁。浙江比江西的工业发达,男子出的钱高,一些打工的江西妹就嫁到了浙江。所以,婚姻问题已经成为自由流动的社会现象。政府要认识到市场经济的资源配置规则,并且做好相关工作。硬性限制恐怕还不行。只要是双方自愿,不是属于那种拐卖妇女的行为,你还不能说江西女不能嫁浙江郎。

这样就导致了：

第二个大问题。要注意了，城里嫁不出去的姑娘往往是比较好的，农村娶不起老婆的男子一般是比较差的。这两者相差十万八千里，似乎是无法匹配的。你不能叫北京城里的白领女子嫁个贵州农村的穷光棍汉，白领女子肯定不干。一些城市里的大龄女青年往往学历还比较高，一般的男子她起初还看不上眼。这两下看不起，你的市场份额就没有了，被农村小姑娘占去了。于是，农村成为贫穷光棍汉的集中地，城市则成为大龄高学历女青年的集中地。这就导致了：

第三个大问题。就城市而言，那些城里的女青年她也想了：凭什么你找到了那么好的丈夫我找不到，这样就容易产生心理的不良变化。有一个电视剧叫《好想好想谈恋爱》，大家回忆回忆看，那英演的那个角色她找对象有多难！并且，这些子女找不好对象，也构成父母亲的一块心病，对家庭快乐造成不利影响。

为了解决这个问题，最近广州的网上号召姐弟恋。什么叫姐弟恋呢？就是大龄女子往下寻找比自己年龄小的男子结婚。你往下一找，下面的妹妹们，马上敏感起来，这场婚姻的市场份额争夺战真是狼烟四起呵！2007年8月的一个周六，北京国际雕塑公园举行了一场"北京相亲大会"，求偶者70%是女性，三分之一是家长。一个拿玫瑰花的男青年一出现，马上被"妈妈团"包围了。可见,城市女子婚姻问题之急,父母"包办婚姻"又开始了。一对老夫妇正通过工作人员给自己相中的"准女婿"发送电子邮件:"闺女说什么也不来,唉,现在是孩子不急父母急!可来这儿一看,都是女找男!"

孩子哪里是不急呀。是找不好,所以干脆说不急了。

有一个例子,某大城市一所名牌高校的一位单身男博士年龄比较大了。家里父母是着急得不行,一天一个电话催儿子找对象结婚。每天电话都重复这个内容,是该男博士家庭的主要矛盾,唯一话题。所以,他就开始跟外校的一位女博士谈了。谈了不久,接触到正题,这个女博士提出来了,不要生小孩,不做家务,还想出国深造。这样一来,男博士傻了眼,没辙了。刚好这个男博士在外面电大里兼课。有一个四川小保姆上电大里来听课。她白天在人家家里做保姆,晚上到电大来学习,增加点知识。这个小保姆坐在最前面,好像是有备而来的。现在的小姑娘跟我们那个时候找对象好像不大一样了。她们的择偶目标中加入了更多感情以外的东西,比如地位、收入等。这个小保姆坐在第一排,问男博士老师,我这个也不懂,那个也不懂,问老师能不能留个电话。学生好学,问老师的问题,无可厚非,这也是老师的责任,就把电话给了她。一问,两问,三个星期下来,三下五除二,这个男博士就被那个小保姆搞过去了。那个女博士是这个也不要,那个也不做的。这个小保姆是统统都会的,烧饭、洗衣服、生孩子，样样都行。年轻且长相不错。这样一来，这个女博士又多出来了，份额就被这个小保姆挤占去了。

所以，婚姻的市场份额与在市场经济规则下的异地配置，已经成了一个很值得关注的社会问题。你要搞和谐社会，家庭不和谐，有那么多单身汉，怎么办？从婚姻、亲情与快乐的问题上，我们可以看得到，当一些人在享受社会分工进步果实的同时，另一些人正在无奈地吞咽着社会进步的苦果。① 当光靠市场这只无形之手无法解决目前婚姻市场严重的资源配置失衡问题时，政府你有没有责任与办法来解决这个问题，你又为此——为千家万户的婚姻幸福做了什么呢？

政府的行动不大，民间已经自发组织起来了。杭州有个南宋遗址"万松书院"，每到周末，人山人海，干什么呢？叫"父母相亲会"，是父母亲们自发组织起来替子女相亲的。他们把自己子女的照片拿在手上，或挂在墙上，以便招徕看客。当年梁山伯与祝英台读书的地方，如今，它又为爱情努力了——开设起"楼台会"来了。一大群老爸老妈聚在这里，拿着子女的照片介绍情况，熟练地提着有没有房子、车子的问题。

父母亲去开招亲会，老眼昏花，看走眼了怎么办？这

---

① 陈惠雄：《婚姻、道德与社会等级：基于分工的社会演化分析》，《社会科学战线》2005年第1期，第210页。

个事情的效率是非常低的,只能作为无奈的补充手段了。为什么呢?因为现在已经不是"父母之命,媒妁之言"的时代,父母没有拍板的权力。好不容易父母相中一个,回去向子女一汇报,给否定了,又得重上万松书院。所以,看看父母相亲会很热闹,其实效率不高,成交率很低,且交易费用昂贵。因为父母亲要不断地跑,身心疲惫,却收效不大。父母为什么为子女婚姻如此操心呢?实在是作为过来人的父母亲,大致都懂得,婚姻与亲情是人生与家庭幸福的重大因素。子女不结婚,嫁不出去,或娶不回来,既成为父母的心头之患,也自然成了一个很大的现实社会问题了。

为了解决这个难题,我这里补充一个日本的材料。日本也是妇女出现了这个问题。日本主要是有些男的比较的不守规矩,在外面花天酒地,已婚的妇女则比较守规矩。这样,很多日本女人在家里就比较可怜。有的婚姻有名无实。近年来,日本的一个叫"濑见医院"的专门针对女性问题的医院,专门组织一些有爱心的已婚志愿男子,经过一定的职业道德培训后,在日本五六个城市去做帮助工作,有点类似爱心救助机构。目前这个救援者队伍似乎还不够,因为要求解救者的数量仍然较大。

日本的这个救助行为已经上升为一种道德境界的行为,因为你是帮助人家,助人为乐,从一方面讲是个好事情。但从婚姻合约角度考察,也存在着一些问题。最主要的是这样的外出救助行为,造成了对救助者妻子权益的损害。使用权分享会对产权约束的排他性构成挑战,并出现"两权分离"与部分"国有资产流失"现象。这个理论问题有待进一步讨论,但眼下濑见医院是先救燃眉之急,在他们看来仍然是值得实行的一项有效率的制度安排。

在我国,这个问题同样较为严重,尤其是在农村,有那么多的光棍汉娶不起老婆。不能结婚是很大的痛苦。政府有没有责任采取一些政策和措施,帮助解决一些实际问题呢?因为,研究证明,同样是未婚者,男人比女人更加痛苦。所以,我建议要改变一下我们对一些光棍汉行为的管理态度,要有一些相应的(宽容的)举措。这些思想理念要让公共管理部门比如派出所的同志一起来理解。如此推广开去,对于城市的婚姻情感等方面的问题,也要适时地调整我们的视角与态度(如传统认为的某些不道德行为,在今天的实际世界中是否也包含了某些"见义勇为"的因素),更加宽容可能是一个重要的行为准则与组织原则。中国还没有像日本那样的救助组织,但婚姻方面的这些现实问题是很值得我们思考的。

为什么要重视婚姻问题?因为婚姻是亲情的主干,而亲情是快乐的主要影响因素之一。健康与亲情占到快乐影响因素的50%多,这两个是很重要的。结婚难到底该怎样解决,要想出一个解决的办法。所以这个问题很烦恼。我从电视上看到,有的人是 1967 年出生的还在单身。1967 年出生的现在已经 40 了,而且好像 40 岁没有结婚都已经变成了比较多的事情。40 岁的人,已失半壁江山。婚姻是快乐幸福的重要因素,那么多人结婚困难,肯定会妨碍国民幸福指数的提高,婚姻已经成为阻碍提高国民幸福指数的一个重要社会问题了。

总之,单身族有增无减已经是一个全国性、全球性问题。改革开放以来,特别是 20 世纪 90 年代末以来,我国的单身与离婚现象发展极其迅速。过去 20 年中,美国 30—34 岁未婚女子从 6% 上升到 22%,我国上海的离婚率也增长了 20 倍。这种现象不仅存在于城市,同样出现在农村。我对自己的家乡进行了一次乡村调查。20 世纪 70 年代,浙江省兰溪市陈家井村的单身汉只有 6 人,到了 80 年代增加到 10 人,如今,超过 30 周岁而没有结婚的男子已经接近 30 人。一些偏僻、贫穷乡村成为单身男子的集中地,城市则成为大龄女青年的集中地。这两股力量又反过来影响着现成的家庭与社会稳定,并产生一些更加深刻的社会问题。可见,今天的单身族现象和家庭、婚姻变化的背后实际上是存在着分工与社会演化的深刻原因。随着分工扩大这种具有坚实基础的进步原因在坚定而持续地起作用,必将引起家庭、婚姻制度的逐渐深刻的变化,从而使家庭这一作为社会基础的微观组织发生重大演化,而这种演化事实上已经远超出了道德意识的解释阈限,并需要引起我们的足够重视,拿出切实可行的公共管理制度对策。比如更加积极的婚姻态度和更加宽容、灵活的社会政策。

最后,让我们来看一看人类的婚姻制度是如何演化的,这对于我们产生解决问题的办法、提高人们的幸福指数可能会有帮助。

人类的婚姻制度,从乱婚——群婚——对偶婚——夫妻制,最严厉的夫妻制就是一夫一妻制。乱婚主要是不利于种族繁衍,同族里面通婚,多少血亲成分区分不出来,不利于种族发展。原始人类发现了这个问题,后来就搞群婚。群婚是婚姻派出制度,形式是一个氏族的男子派出与另一个氏族的女子通婚,住几天又回来。这种群婚制有一个好处,就是解决了近亲繁殖的问题,是两个来自不同种群人之间的通婚。但它也有问题:一是所生下的子女由女方来抚养,因为男方是住几天就回去了。这次你派过来,下次他派过来,事情有点搞不清楚。父亲究竟是哪一个不确定,产权边界不够明晰。二是儿子是父亲生的,却要由娘家来养,导致娘舅的权力很大。这个潜规则遗传至今。但娘舅养外甥,这个制度也有问题,不符合生物学规则。因为动物世界中一般是对自己的亲生子女更加关心一点的。很少看到父母亲不管,由娘舅来帮助照顾的。

婚姻制度再往前发展一步是对偶婚。对偶婚就是男的跟女的一对一通婚,但婚姻关系不是很稳定的。双方或一方认为不合,就随时可以重新对偶,进行资产重组。因此,婚姻关系没有上升到后来夫妻制那种明确婚姻契约的地步。当然,对偶婚也可以有一个主妻或主夫,再加几个妻子或丈夫的,显示了原始社会时期人们婚姻的灵活性与稳定性的结合。对偶婚有它的合理性:一个是相对稳定的男女之间的关系,产权关系进一步明晰了。第二个我通过一个例子来说明:根据对鸟蛋的相关基因研究证明,一只雌鸟产了10个蛋,一般7个是来自同一个父亲的基因,还有3个鸟蛋则来自其他雄鸟的基因。这种现象可能是动物界较为普遍的一个现象。假如是这样,人类的婚姻行为问题可能就不是至少不单纯是一个道德问题,还有一个生理基因问题。

随着社会发展,对偶婚制度最后向稳定的合约化的夫妻制演变。这样的婚姻关系就基本固定了,一直发展到今天的一夫一妻制。一个男的娶一个老婆。从生态平衡的角度说,这是可以的,因为出生的性别比例男女是接近的。

夫妻制是户组织经济制度的基础,对于明晰夫妻产权关系,促进社会稳定,防止一些人多吃多占,是大有好处的,总体上来说是一个有利于增进社会幸福的制度。但夫妻制也有一个问题,主要出在婚姻合约上。现代夫妻制婚姻以结婚证的合约方式把双方关系固定下来,这个结婚证是一个没有期限的合约,传统人眼光中就是一个长期合约,没有写明从哪年哪月进入到哪年哪月可以退出的。我们的商业合同一般都有一个有效期限的,所以目前这个婚姻合同可能存在着不够完善的方面——因为婚姻这个东西是有变数的,我把这个变数讲给大家听:

婚姻这个合约签订后,要求夫妻双方要彼此忠诚、彼此拥有、财产共同共有等这样一系列的问题。婚姻合约的背后实际上涉及一个产权,产权一般是由所有权、占有权、使用权等组成的。当夫妻双方出现不平衡时,心理上或者身体不平衡的时候,道德境界有差异的时候,往往容易引起夫妻矛盾。光靠一张结婚证就难以产生很强的产权约束效力。

当夫妻双方因身心、地位等原因出现不平衡时,夫妻双方相互间的神经适应性又比较弱,"彼此忠诚"的产权软约束问题就会暴露出来。此时,如果遵循婚姻合约的道德规则,可能会对一方的快乐最大化构成不利影响,如果不遵循这个约束,则又会对另一方构成产权侵犯和心理痛苦。这就是目前的婚姻合约所存在的不完备性。

我想,改进目前的婚姻合约,可能可以采取更加灵活的婚姻合约期限方式。可以在结婚证上根据需要增加一些条款。如是否可以允许长期合约与期限合约均可以。好了续签,不好拜拜。现在我国的离婚率也在持续攀升,婚姻破裂对人们的幸福感有极大的负面影响,所以合约灵活些，就不存在破裂问题，是到期问题，大家对这个事情的依赖比较低，痛苦就会大大降低了。否则，现在的婚姻退出成本太高，造成的心灵创伤与痛苦很大。这个问题只是提出来供参考。

我有次也是在讲课，课间休息时有个朋友打电话来跟我抱怨说："陈老师，现在怎么搞的。结婚的地方冷冷清清，离婚的地方排队，我已经来了三次了都没有离掉。"这位朋友是开公司的，工作很忙。我想，是的。因为结婚的交易成本很低。问下双方是不是自愿的，自愿的就行了。分两包喜糖，两个戳一盖就办完手续了。离婚可麻烦了，孩子问题，财产问题，老人问题等一系列的问题，加上劝和不劝离的街道大妈的劝说。一般一次是搞不定的。2005年，北京结婚7万多对，离婚4万多对，可谓数字可观。随着离婚率上升，我们需要考虑一些改进的办法，让人们把婚结得快乐点，即便离婚也轻松点。

我们来看看国外的解决办法。据报道，2005年美国的婚姻家庭（经正式登记结婚的）只占49.8%，非婚姻家庭倒是占了50.2%。一些成年男女两人住在一起，都有小孩了，就是不领派司。非婚姻家庭的大量出现在一定意义上是解决了正式婚姻对双方行为约束力过强的问题，并与他们的经济社会发展状况、人们的生活价值观念也是相一致的。目前在中国文化中这样做还是不能够被普遍接受的。

我小孩一次跟我开玩笑说：爸爸，你的朋友都离婚了，就你没有离婚。她报了一串名字。我说：是啊。家庭淡化可能是社会分工引起的长期趋势。社会经济的基本组织由户（家庭）的血缘组织转向企业的社会组织，给家庭成员各自接触社会前所未有的方便。这种社会演化与家的核心经济作用在现代社会中的减弱，必然会给家庭关系以冲击。所以，未来的婚姻情形可能会进一步演化：一个是没有合约就住在一起的人会增多，另一个是向期限合同过渡，免得讲他变心你变心。合约期限一到，免得烦心。

实际上，对于我们现存的家庭而言，当夫妻双方的神经适应性很好并遵循相应的道德规范时，家庭会趋于稳定，夫妻两个可以长相厮守，和合百年。但当夫妻双方的神经适应性比较弱时，加上外部因素的干扰，可能会遇到一些麻烦。经济学上的边际效用递减原理对于婚姻的单一长期合约来说，可能也是一个挑战。我们应该有多样化的办法和逐渐宽容的态度来面对和解决婚姻中的问题，以便更好地构建和谐家庭与和谐社会。

婚姻是一个涉及所有人快乐幸福的问题，随着社会进步，我们应该考虑更加灵活和切合实际的多样化的途径与方法。我们不必担心社会会因此倒退，倒是庆幸人们会因此获得更多的幸福。为什么财富增长起来后，人们的快乐没有增长，我想其中的一个重要原因就是婚姻方面遇到了问题,最大的就是上面说的单身族问题了。让我们都来关心这个问题,让大家都生活在婚姻幸福快乐的社会环境中。

(三) 经济状况

第三个影响人们快乐的因素是经济状况。对于个人幸福而言,经济状况包含三个方面的内容:一是绝对收入,二是家庭资产,三是相对经济地位。收入保证人们的基本物质生活需要。我们讲快乐不是说收入不重要,没有一定的收入,吃不饱饭,没有房子住,幸福生活也就无从谈起。研究证明,最低收入阶层的快乐指数也往往较低。但我们一定要强调说明的是,快乐是人类行为的终极目的,收入是满足这一终极目的的手段之一,收入本身并不是最终目的。

资产状况反映一个人"以钱生钱"从而能节约生命成本的能力。个人资产多,你就可以通过投资来获得回报。通过投资获得收益,这样你就可以把生命释放出来,做自己愿意做的事情。英国人现在说人生从 45 岁开始。45 岁前,为了赚钱往往需要做一些自己并不愿意做的事情。比如在大学做行政职务,对有些学者来说就是个负担。但在这个社会环境下,你不做似乎还不行。某些社会眼光,就是以这个东西来衡量的。"学而优则仕",你不仕,则证明你大概学而不优。你满身都是嘴,也不如一个行政职务说得清楚。所以,为了获得社会承认的快乐,还得忍受这个痛苦。我国著名水稻育种专家袁隆平研究员,到晚年辞去了许多社会职务,追求在水稻育种方面的自我实现。袁隆平研究员是名声卓著,境界很高,可以超脱。但换了一般人,就很难抵挡得住。

以钱生钱,然后把尽可能多的时间留下来做自己喜欢做的事情。这是一个不错的人生选择。人们生活到了一定年龄阶段后,一定要记住这句话:"钱为命所用,不能命为钱所累。"一个好的人生,一定有一个转折点,这个转折点越是选择正确,我想对人生的快乐幸福越有利,可以达到自我实现。你不赚钱不等于你不会推动这个社会进步了。你少赚钱,做自己更加愿意做的事情,做更有创造性和慈善的事情,可能对这个社会进步更加有好处。

在目前社会环境中,相对经济地位反映人们的相对生活水平,对个体的心理感受和幸福指数也有重要影响。大量调查表明:对人们的快乐和痛苦来说,相对收入是一个重要的指标,人们往往是在攀比中使自己的幸福感下降的。为什么会出现这种情况呢?

一是财富本身存在着水涨船高的问题,你的收入增加人家也增加。人与人往往好"攀比",这样就会觉得自己并没有提高多少。所以,收入增加往往难以引起幸福感的相应增加。如果收入增长不如人家,那样相对经济地位就是下降了。有研究证明,尽管绝对收入是增加的,相对经济地位下降,人们的幸福感也会难以提高,甚至是下降了。"拿起筷子吃肉,放下筷子骂娘",就是这个道理。拿起筷子吃肉,说明生活有进步。放下筷子骂娘,说明自己进步还不如人家,所以心里不平。

二是价值观问题。人们的价值观没有真正调整到以快乐为核心的人生终极价值尺度上来,还是一个以财富最大化为评价尺度的价值观。相互见到不是问"吃了没有",就是问"工资多少"。工资多少成为评价一个人的社会地位甚至是择偶的一个尺度。至今在人们之间没有人问你快乐不快乐,没有人相互比较快乐,这就是个很大的价值观误区,是物质利益中心主义价值观影响的结果。所以,我在研究、推广这个理念,我进行了 26 年,花了我前半生的一半时间。一直到最近几年,我们才见到国内媒体和专业杂志开始陆陆续续刊登相关的文章与报道。

2007 年 5 月 19 日,我为全国首届快乐与幸福理论(杭州)学术研讨会起草了"杭州快乐宣言"(发表在 5 月 29 日《光明日报》)。《光明日报》的版面大标题是:"国民幸福与快乐是经济社会发展的根本目的"。这一大标题说出了我们人类经济社会发展的一个根本性方向和发展的根本宗旨,指明了快乐幸福生活对于经济社会发展的根本价值所在。杭州快乐宣言包含了 5 点内容,这些内容对于指导我们未来的幸福生活很有意义,我在这里选前两点进行解释:

1. 确立广义消费理念。人类快乐产生的特性产生了消费内涵的广义性。不光食品、住房是消费,感受阳光、绿色,仰观蓝天、白云,聆听泉流、鸟鸣,尽皆是美好的消费。因为,快乐不仅能够为商品与劳务消费所提供,同样能够为森林、甘泉、蓝天、白云、清馨的空气、和煦的阳光等自然产品所提供。在快乐思想指导下的广义消费理念为我们取舍生活,建立均衡、协调发展与健康快乐消费提供了根本性的重要原则。前几年报道,台湾一些民众以观看星星为一件快乐的事情,是一个很好的休闲消费与体验消费的例子。仰望星空,沐浴清风,遐思无限,是何等幸福的一件事情。然而,据报道,我国山西临汾一些地区的小孩曾经一直不知道天上的星星是什么样子的。

问:太阳是什么样的?
答:圆的。
问:月亮是什么样的?
答:圆的。
问:星星是什么样的?
答:不知道……

这是居住在山西省临汾市城区一位郑姓市民与上幼儿园儿子的对话。可怜孩子从小长这么大,几乎没有看到过天上的星星。快乐的童年生活就在这样灾难般的环境中度过了。

2. 践行和谐生产原则。国民经济生产与新兴产业的不断发展是实现人类幸福生活的重要手段与途径。但是，人类生产与资源环境是一个联系的整体，环环相扣，始有万类之均衡。生产发展存在着损害资源环境的现实可能性，并有可能进一步造成对生产行为主体——人类自身的伤害。不管这种伤害是及时发生还是延时到来的，为了实现人类可持续的快乐幸福生活，必须践行和谐生产原则，实现和谐生产与人际友好、环境友好的国民经济发展。

对此，一些人以为，先不管环境，把水污染掉，环境污染掉，好像这样会发展得快点，因为顾及环境要增大生产成本。错了，这样的发展实际上只会拖我们的后腿。我国年轻生态经济学家徐中民教授做了一个很好的比喻：资源环境是经济发展的"蛋壳"，经济发展好比是"蛋黄"，经济发展的最大容量不能超出资源环境这个"蛋壳"吧。现在的问题是，人类的生态脚印已经远远超过了生态承载力。我认为，这就是"蛋黄"超出了"蛋壳"的损害性发展。这条依靠损害环境来推动经济增长的路已经走到了尽头。

所以，我们说，收入与经济发展是人们获得快乐幸福生活的一个重要因素。但赚钱也好，GDP 也好，都需要有生命成本和环境代价的投入。因此一定是有它的限度的，一定要践行和谐生产原则。

(四)职业状况

影响人们快乐的第四个因素是职业状况。包括工作压力、工作时间、就业状况、劳动条件、劳动收入、劳动保障、事业空间等等。现代成年人的三分之一时间在工作中,不是说工作没有快乐,搞得好工作过程本身就是快乐的。18世纪法国空想社会主义者欧文、傅立叶设想的上午打渔,下午狩猎,就是对于劳动快乐的设想。适度的劳动,创造性劳动,适应的劳动,和谐的劳动组织,都是有利于人们的快乐的。劳动中的生理心理负担程度高、压力大、闲暇少、竞争激烈、被剥夺感强就会导致职业痛苦感的增加,快乐指数下降。

根据我们的调查,工作压力已经成为我国居民的第二大痛苦源,占痛苦来源的16.5%。工作压力大,体力脑力消耗大,竞争激烈,这些都会导致人们幸福感的下降。而分配不公又成为职业痛苦的另一个重大诱因。以前的企业理论中有一个"股东利益至上论",这个理论的指导思想是企业利益以股东利益为中心。这样,一般劳动者的利益就得不到保证。强者不顾弱势群体的利益,还会进一步引起弱者跟弱者之间的相互拼夺乃至自相残杀。什么意思呢?比如牧民与牧草的关系,假如牧民比较穷,又缺少文化,他们希望自己的子女能够出去,改变未来的人生与命运。但是,出去读书要花好多钱。牧民收入低,怎么办呢？他就只有通过过度放牧来实现这个目标。本来这个草场只能养 1000 只羊，他养了 5000 只。羊一多，连草根都拔起来吃掉了，草地就沙化掉了。牧民是一个弱势群体，他会压迫比他更弱的牧草，他对自己不利的生存环境也要转移，从而加剧环境恶化。这个恶果又重新转移到外部。所以，不关注弱势群体的生存环境问题，不关心弱势群体的痛苦，会给整个国家的祥和幸福带来不利。

我们现在的工作压力大，竞争激烈，形成"过劳死"现象，职业环境比较痛苦。实际上，在我国，职业环境痛苦指数比较高的问题与国内市场狭小是有直接关系的。但国内市场狭小是如何造成的呢？主要是低工资。由于普通劳工的工资过低，导致大家一点收入不敢花。我们的居民消费率只有 38%，世界平均的居民消费率是 65%，美国是 85%。居民消费率就是你挣一块钱有多少用于消费，我国只有三毛八，是世界上最低的。根据世界贸易组织 2002 年的一次报告，印度制造业工人的工资是我国制造业工人工资的 1.5 倍，肯尼亚是我们的 2.5 倍，韩国是我们的 12 倍，日本是我们的 29 倍，美国甚至是我们的 47 倍。由于劳动者挣钱困难，普通劳动者工资太低，一点钱舍不得花，所以导致我们出奇低的消费率。低消费率导致国内市场萎缩，外贸依存度升高。外贸依存度升高不是一件好事啊，大家拼出口，过度依赖国际市场的消费。

这些都是影响人们职业快乐、既增加劳动过程苦难、又增加弱势群体生活困难的重要因素。

对于职业状况的苦乐而言,这里还有一个劳动者组织——工会的作用问题。工会可以在改善劳动待遇、争取工人的正当权益、维护职工平等地位方面发挥重要作用。欧美工会的集体谈判制度是根据物价指数等来谈判工资提高的标准的。日本工会有一个形式叫"春斗",就是每年春天到来时,为提高工会职工收入与资本方争斗一次。这种集体谈判为工会会员争取到了稳定的收入增长,工资增长幅度最高曾经达到33%(1974年)。日本工会的春斗是不管经济增长还是负增长,都要求提高职工的待遇。相比之下,目前我们工会的作用还有待进一步加强,以便使工会能够真正为维护职工权益,为减少职业痛苦、增加劳动的快乐起到积极作用。

最近,美国一位患癌教授出了本叫《最后的演讲》的书,其中有一句话说道:"如果感觉不到乐趣,为什么要做这件事呢?人生实在是太短暂了。"这位教授叫兰迪,从事计算机科学研究,才47岁。他的话启发我们,如果我们所做的工作让我们感到乐趣,将会使生命变得大有意义。

(五)社会状况

社会状况是影响人们快乐的另一个重要因素。社会状况包括社会安全、政府效率、公平、公正、自由、教育、文化、道德取向、宗教信仰等。一个民主、安全、平等、和谐的社会环境有助于实现"最大多数人的最大快乐"目标。而压抑、封闭、歧视、禁锢、缺乏公正的社会环境,对快乐是没有好处的。社会环境中,政府效率、公共福利、阶级平等、民主权利这些都很重要。不丹把政府效率、公平执政作为影响国民幸福指数的重要因素,可见对这个问题的重视。

贫富差距、社会犯罪、社会诚信、公共卫生指数,这些是目前考验我们国家社会环境问题的几个重要的指标。因为,贫富差距太大了,对富人穷人都没有好处。贫富差距大,会进一步损害到生态环境并造成人们的心理失衡,从而造成一种广义贫困现象。什么叫广义贫困呢?就是经济贫困、生态贫困与精神贫困共生现象。① 2005年瑞士达沃斯经济论坛公布的全球生态可持续指数表明,我国的生态可持续指数在世界143个国家和地区中排名第132位。我国的公共卫生指数在全球191个国家和地区中排在187位,是倒数第四位。我国的精神与心理疾病近年来有持续增高的趋势。由于生态贫困与精神贫困是覆盖整个社会的,这样的社会环境无论如何都不利于国

---

① 陈惠雄:《社会不和谐现象的本质特征、根源与社会转型的理论界点》,《中国工业经济》2006年第1期。

民幸福生活的建设。

社会环境中有许多指标都有待完善。如公共医疗资源过度集中于城市尤其是中心城市的问题，从一个角度反映了社会的不公平状态。再推广开去，为什么我国大城市的房价这么高，这与我们现有的财政分配体制可能有很大的关系。政府把相当多的财政资源用于中心城市建设，中心城市搞得很漂亮，与县城、乡下的现代化程度越拉越大，有的至少要差50年吧。所以，有钱一点的人，都想要在杭州、上海、北京、广州等中心城市买套房子，以便子女考上大学后，希望他们能够在大城市居住。因为，这一住，就要跨过半个世纪，是你在县城、村镇一辈子都无法达到的现代化。所以，许多有资金能力的人都想这么做，往中心城市购房，大城市的房价哪有不涨的道理，交通哪有不拥堵的道理，空气哪有不污浊的道理。可见，不公平的分配模式最后是对穷人、富人都没有好处。

假如社会资源能够适度平均地分配一些，不是过度集中在中心城市，能够把其中的一部分资源比较全面地协调到下面的农村、乡镇、县城，大家赶往大城市的积极性就没有那么高，中心城市的房价就不会这么高，大城市交通就不会这么拥堵。城乡之间、人与人之间都会和谐得多，大城市人们的生活、出行会更加便捷，幸福指数也就提高了。中小城市与农村居民同样能够获得社会资源分享的均等机会,从而实现城乡一体化、和谐化发展,整个社会的幸福指数都会提高。这里我们就可以想到,边沁讲的要让最大多数人的最大快乐原则成为立法与道德的基础,当然也包括成为财政分配的基础,是很有道理的。

我再说个阳光公平的例子。2007年9月,委内瑞拉按照总统查韦斯的建议,更改时区,把时间调慢半个小时,这就是为了让"全体国民能够更公平的享受到阳光",尤其是那些清早读书的小孩子们,从而推动社会公平;实现人人享受阳光快乐的权利。你不要看这是个小事情,可有大文章,大爱在里面,这引导的就是一种社会公平与普遍国民幸福的环境。

私人产品分配不公同样是导致幸福指数不高的一个严重的制约因素。现在我们看到大城市的一些很缺乏品位的标语,如至尊、奢豪之类,讲求炫耀性消费,很刺激普通老百姓的心理,对构建和谐社会没有好处。我国普通劳工的收入低,导致了有1.5亿剩余劳动力的国家居然出现民工荒。工资太低,是个大的社会问题。当工资低到一定程度后,一些人感到靠打工已经根本无法改变命运的时候,可能就不愿意做工。有人就会把本来可以用于劳动的时间,转化为偷盗的时间,因为每个人都有个生命成本核算问题。于是小偷增多了,犯罪率上升了,社会不稳定因素增加了。这个叫做"逼良为娼"。自行车、电瓶车的失窃率就居高不下了。于是,装保险门、防盗窗,购买保险箱,还增加小区保安,一笔笔开支不断增加。这样的社会环境会减少许多幸福。

山西的黑窑、煤矿里面的官商勾结问题,曾经一度变得很严重。最长的黑窑工有九年之久。最后是家长找遍了,媒体曝光了,互联网传开了,中央派人去查了,才弄出事情的真相。这反映了一个很大的社会现实问题。这样的问题积累到一定点以后,也就是百姓的痛苦达到一定临界点时,矛盾激化,群体性事件就会增多,很多事情就会难以挽回。所以说,社会状况是影响人们快乐与痛苦的重要因素。社会一定要面向大多数人,一定要把最大多数人的最大快乐幸福作为我们立法与社会道德的基础,这样的社会才能够真正幸福与和谐。

这里我要强调社会环境中文化差异对于人们的快乐观的影响。在集体主义价值观占主导倾向的国家里,人们的生活满意度经常取决于其他人的生活满意度,而在个体主义价值观的国家里,则更加取决于个人自我评价与体验。西方文化尤其是拉美文化的个体主义特征是更加注重及时行乐与快乐的个体化,而东方文化则注重享乐的未来化与整体化。两种文化都各有优势,如果能够结合起来,构建一种个体—社会一致性的文化价值观体系,会更加有利于人的全面发展与全人类的幸福生活。

进入本世纪以来,党中央连续地提出以人为本、落实科学发展观、构建社会主义和谐社会等思想。以人为本、科学发展观与和谐社会这些社会战略的核心问题是什么?核心问题是社会价值观的转变。它要求社会由经济增长为中心、GDP为中心全面转向以人为中心的轨道上来。这些口号很好,真正有利于实现人们的幸福生活,但是目前看来实施起来仍然不容易。

1999年4月,我出版了《人本经济学原理》一书,构建了一个以快乐为核心的经济学理论体系。2003年3月,我发表了篇叫《市场经济与浙江的和谐乡村社会模式》的文章。因为,小康社会主要解决人与物之间的关系问题,人与人之间、城乡经济社会发展之间、人与自然之间的关系,都不是小康社会的视角能够解决的,尤其是人们的价值理念。所以,中央在十六届三中全会上提出构建和谐社会是一个真正关注人的全面发展、从而实现幸福社会的视角。

(六) 生态状况

影响人类快乐的最后一个重大因素是生态环境。生态环境是人类生存的命根,也是国民财富的母本。人是生态环境的一部分。人依赖于自然,而不是自然依赖于人。假如良好的生态环境没有了,人类就从根本上失去了存在的条件,还谈什么快乐幸福呢?现在的全球生态环境已经变得异常严峻。我们以前笑杞人忧天,现在可是真的了:过去40年中,天空中最高的散逸层顶,已经下降了约8公里了。随着二氧化碳排放,温室效应增大,大气层可能会继续收缩。天低下来了,热散不出去,就多用空调,又促使热量进一步增加。你看,南极上空的臭氧层空洞最大时已经有2700万平方公里,相当于三个中国这么大的面积。最可怕的是近年来在我国青藏高原上空发现了臭氧层空洞。臭氧层空洞与臭氧层变薄,对动植物的损害很大。如果生活在这样的环境中,就没有基本的生态安全了。所以,中央提出来一定要节能减排,以减轻我们的环境负担,保护好我们的生态环境。

再来看看我们的水环境。大量的冰川在融化,北冰洋的冰层厚度在1980年是4.88米,到2003年只剩下了2.75米。已经融去了差不多一半,所以海平面会上升,气候灾害在加剧。最近美国有个报道,一些科学家认为地球变暖的后果要比原先预计的更严重。像非洲的最高山脉乞力马扎罗山冰川在过去100年间减少了将近80%,专家估计它的冰川将在20年之内全部融化消失。现在,喜马拉雅山的冰川也在融化。阿尔卑斯山的冰川也在快速融化,专家估计四十多年后将完全消失。欧洲的著名河流多瑙河、莱茵河等都发源于阿尔卑斯山。当这些冰川逐渐融化消失后,地球上的冷源逐渐减少,我们将会面临越来越多的气候灾难。我们差不多走的是一条痛苦的不归路,这是很危险的。

我国的水环境日益严峻。淮河治理10年,累计投入资金达200亿元人民币,水质还不如治理前。再来看洞庭湖。据记载,唐宋时期洞庭湖面总面积达17900平方公里,解放初期的洞庭湖有4350平方公里,现在仅剩湖面2840平方公里。湖南省一位领导讲过一句话:湖南省的和谐社会建设关键就看洞庭湖。可话音落下不久,洞庭湖田鼠疫情就爆发了。一个省的和谐社会建设要看一个湖,可见水的问题之严重。

老子《道德经》说,上善若水。水善利万物而不争,我们对水的损害也最严重。水的问题已经严重地影响着我们的幸福生活。南方水质性缺水,北方资源性缺水,大家都缺水。一些地方因水、气候等而移民,我们叫"气候移民"。2006年重庆连续两个多月的高温,一些体弱病残者要生存下去很艰难。美国的新奥尔良市低于海平面,2005年的飓风淹没了该市80%的地区,一些人不得不成为气候移民,财产损失则不计其数。

有人对这样的发展做了一个评价,叫"不确定性"。真的不知道这样的发展明天会走到哪里去。现在,政府官员与媒体比较喜欢谈的是GDP增长了多少,收入增长了多少,税收增加了多少,外汇储备又有多少。却不知道、不说这些数字后面存在的严重问题。从2005年起,连杭州都已经成为一个中度缺水的城市。当一个社会不是以人为本地发展,而是以钱为本的时候,人们的发展思维就会发生大混乱。

我再讲个例子给你们听吧。浙江的千岛湖很漂亮,我想许多人都去过吧。千岛湖为了发展经济,在一些岛上开发了不少湖中别墅。千岛湖中的岛跟岛是相互隔离的。那个岛原来就是山。我有一次去开会,开完会后,一位当地官员带我们去看那个岛上别墅,说房子卖得很好,岛中还有一个宾馆。确实,那个房子风景看起来非常漂亮。我的问题来了:这个宾馆与别墅建在岛上,岛与岛之间又是隔绝的,吃喝拉撒,污水怎么办呢?那个同志告诉我说,第一池子出来的是污水污物,第二个池子是一个生化池,第三个池出来的水就达标了,然后排到千岛湖里去。我说,这样能行吗?我担心湖水会受到污染。因为千岛湖是饮用水源。我说,恐怕不能这样搞开发的。那位官员回答我一句什么话呢,他说:"陈老师,你小便拉在地上,蒸发到天空中去,又下下来,还不是一回事吗?"我真是无言以对。

当一个人、一个地方为了 GDP、税收走火入魔的时候,许多道理你跟他就讲不通了。所以大家想想看,假如大家都这样搞,世界将会是怎样的一种情况和结局。

总之,我们需要清醒地记住:健康、亲情和生态环境是人类无上快乐的三个自然源泉。在影响人类快乐的六大要素中,生态环境不要钱,社会公正不要钱,亲情不要钱,健康不要钱。实际上,人们获得快乐的大量要素是不要钱的。并且,重要的是这些原本不需要钱的东西,今天正在变得稀缺和昂贵,甚至有钱也买不来了。

一个和谐、生机蓬勃的自然环境和充满亲情与爱的社会环境对于人类的健康快乐是极端重要的。健康、亲情、环境加上一个丰衣足食的生活和良好的文化,你便拥有了快乐的大部分,这个社会才能逐步走向文明与和谐。所以从快乐经济学角度说,一条通往快乐又能大大节约资源的社会和谐发展的道路就在我面前。这就是唯一科学的全球的现代化道路。整个世界都只能这样走,并使得那个因高能耗引起的人类环境和资源矛盾高度紧张的美国式的现代化黯然失色。

所以,我们需要学习快乐理念,传播快乐理念,使得我们的政府与民众普遍接受这个理念,最终转化为整个国家的共同行动。假如你偏离了以人为本的道路,长期进行以资源、环境、弱势群体利益损失为代价的发展之路,世界发展就会出大问题。现在,一些国家又开始了北极圈的争夺,那是很危险的事情,弄得不好,会把整个世界都拖入灾难之中。

现在人们可能开始明白了,经济社会发展可以不以

GDP为中心,最终是要以人们的快乐与幸福来衡量社会发展的。我们现在倡导快乐生活实际上是对GDP中心论的一个重大修正,也是根本的价值观转变。我们要把经济社会发展从以GDP为中心转移到以人的全面发展和快乐生活为中心的轨道上来。这就是要全面关注人们的健康、亲情、就业环境、生态环境、分配公平、社会公正等等,你不能只关注GDP一个维度,而要关注全面的维度。GDP是其中之一,而不是全部,更不是终极价值。社会发展的终极价值是国民的幸福快乐。这样可以打开人们的视野。而且,重要的是满足人们的快乐并不需要那么多的钱。健康不要钱,亲情不要钱,宗教不要钱,蓝天白云、青山绿水都不要钱。但现在这些东西都变得昂贵了。这就是快乐理念对于每个人的生活与整个民族发展理念转变的重要性。

附:《国民幸福与快乐全国学术研讨会杭州宣言》[①]

快乐是一种愉悦的精神感受与心理体验。人类行为在其本质上,均显示为精神快乐的需要和对快乐、幸福的追求。食物、居所、金钱、荣誉,都是实现人们快乐的手段,但并不是最终目的。人们之所以欲求这些东西,只因

---

① 《国民幸福与快乐全国学术研讨会杭州宣言》,《光明日报》(理论版)2007年5月29日。

为它们具有能够给人们带来快乐的属性或效用。只有幸福、快乐才是人类欲望追求的本质和行为的终极目的。这个结论并非新创,对于亿万人类的真实生活却无上重要。它指明其个人生活实践与经济社会发展的根本方向,明确幸福快乐生活才是人类经济社会发展与生活品质提升的终极价值所在,对于我们今天与未来的社会发展具有根本性的战略意义。

国民幸福与快乐是人类经济社会发展的终极目的。经济增长本身并不是目的,它只有在能够满足国民幸福快乐这个终极价值的前提下,才具有意义。当把国民生活品质的改善与经济社会发展进一步提高到"最大多数人的最大快乐"这个社会价值原则高度时,我们会发现:如何在快乐原则下来构建幸福社会模式,发展经济文化,促进整个国家和民族的快乐幸福生活,我们仍然面临着诸多机遇和挑战。为此,我们发起如下倡议:

一、确立广义消费理念。快乐是以一定的物质存在与消费为基础的愉悦的精神感受。快乐产生的这种特性使得一切能够满足人类快乐需要的对象都构成为人类消费的广义内容。因此,快乐不仅能够由商品与劳务消费所提供,同样能够由森林、甘泉、蓝天、白云、空气、阳光等自然产品所提供。确立广义消费理念,将能够为我们合理取舍生活、建立社会协调机制、落实科学发展观、实现健康快乐消费提供基础性的重要原则。它表明,人类这个发展主体及其消费永远只能基于相互间以及人与自然的调适发展的基础之上,并基于"互主体"的社会道德准则,才能够真正解决我们在这个世界上的快乐生活与快乐消费的可持续性问题。

二、践行和谐生产原则。国民经济生产与新兴产业的不断发展是实现人类幸福快乐生活的重要手段与途径。人类生产与资源环境是一个联系的整体,环环相扣始有万类之均衡。生产发展存在着损害资源环境的现实可能性并有可能进一步造成对生产行为主体人类自身的伤害。不管这种伤害是及时发生还是延时到来的,为了实现人类可持续的快乐幸福生活,需要政府与普通国民上下一致践行和谐生产原则,实现和谐生产与人际友好、环境友好的国民经济发展。

三、珍爱生命与培养人力资源。人力资源是第一资源。经济发展的差异归根结底在于人力资源的差异以及我们对待人、管理人、培养人等等方面的不同。人的生命成本的约束是经济发展与幸福快乐生活的根本性约束。因此,珍爱生命、发展教育与文化来努力培养人力资源,将是一个民族能够恒久伫立于强大、稳定、幸福发展之林的根本途径。

四、弘扬广义财富理念。人类所面对并改变着自然财富与国民财富两大类财富。对于人类快乐幸福生活而言,自然财富与国民财富具有同等甚至是更加首要的意义;从财富源流上考察,自然财富是国民财富的母本,存在于自然界的资源是国民财富的基础来源。因此,对于人类的长期幸福快乐而言,自然财富比国民财富具有更加基础的意义。在国民经济发展的同时,我们需要弘扬并确立"寓富于天,天人共富"的中国优秀文化理念,这样我们才能够真正获得富足、充盈的幸福生活源泉而万世不竭。

五、全面关注人类健康、亲情、经济发展、职业满意、社会和谐公正与生态环境的协调发展。人类快乐的影响因子是由自我到宇宙的多个层级和多元因素组成的。人类自身的生命健康与亲情愉悦是影响快乐的两大最基本要素,关注社会所有人的健康、亲情、婚姻方面的问题,是营造快乐幸福社会应尽的社会职责;在资源环境与生命成本承载许可范围内的经济发展与收入增长,是改善人类快乐水平的一个重要条件,我们要在这样的范围内实现经济的和谐发展与收入分配公平;职业满意与工作激励是现代成年人满足自身快乐幸福生活与生活品质提升的重要因素,积极向上的职业氛围是今日与未来社会发展的必要条件;社会公正、公平与政府效率是构建幸福社会环境的重要条件;生态环境是人类生存繁衍的命根,人与自然的和谐永远是人类自身快乐幸福生活的基础条件。让我们关注上述所有提及以及没有提及又对我们的幸福快乐生活有意义的事项,为实现全体国民的幸福快乐生活而和谐发展。

> 要全面关注人们的健康、亲情、就业环境、生态环境、分配公平、社会公正等,社会发展的终极价值是国民的幸福快乐!

《陈惠雄解读快乐学》

第四讲

快乐的实践问题——快乐的生产与管理

> 所谓功利,意指一种外物给当事者求福避祸的那种特性……功利原则(最大多数人的最大快乐原则)能够始终一致地被奉行;当然无须说,愈是一致地奉行它,就一定愈对人类有利。
> ——杰里米·边沁:《道德与立法的原理绪论》

快乐是人类生活的一个永恒主题,而且是无处不在的一个话题。无论是在我们的生产实践还是管理实践中,快乐都是一个根本性的东西。当我们理解并能够运用快乐理论时,我们会发现快乐是一个无处不在的东西。

一、不同需要层次的不同管理——让人们得到更多的快乐

人的需要是有多个层次的。根据马斯洛的需要层次论,人的需要分为:生理需要、安全需要、归属与爱(不会觉得被孤立和疏远)、尊重与自我实现。在这些需要中,生理需要是最基本的需要,工资报酬主要就是满足人们的基本需要的。但是更高的"报酬",比如人际关系、尊重、欣赏、荣誉、事业空间等具有精神激励的东西对于人们长期的快乐来说可能是更加重要的。所以说,我们在

各种组织管理中,如企业管理、政府管理、学校管理等等,一定要考虑员工的多样化需要。因为,人生活在这个世界上,实际上有很多的快乐是用钱买不来的,比如健康、亲情、人际关系、友谊和尊重等。不管是财税局的管理,大学的管理,银行的管理,政府的管理,还是企业的管理,都要意识到这个问题的重要性。

我们学校在杭州最东边的下沙新校区,目前大部分教师的家都还在城西,离学校有一小时的车程。一次,学校的中层干部会议结束已经是下午六点了,学校领导说,今天晚饭不吃了,让大家回家吃饭,跟亲人团聚。亲情,和家人共聚晚餐,比你在那里集中吃一顿饭好多了。所以,我们都要贯彻这个理念。开完会,能够回家吃饭的尽量让大家回家,亲人又在家里等你。在家里,你的饭量又能控制得好,在单位里你是白吃的,加上菜的花样多,可能就要多吃一点,你就控制不好,对长期的快乐不利。这些都是理念问题。这就是快乐管理了。你的管理要使大家快乐,同时你又为单位节约了经费,大家都快乐,这样的组织管理哪有不和谐的道理。

所以,考虑员工的多样化需要,健康、亲情、友谊、尊重、关心等,是我们快乐管理的重要内容。在这方面,日本的企业做得比较好。日本许多企业都把员工的生日输入到电脑里储存起来。大的企业每天都有员工过生日。员工早上起来去上班,工厂门口的电子屏就会显示出来:

某某先生、女士祝你生日快乐！厂部广播会通知你下班后到厂部办公室去领生日蛋糕和生日礼物。这是一件很小的事情，但是员工就会感到组织在关心他。当员工自己都忘了生日的时候，组织帮你想起来了，说明组织关心你。这种组织的关心与尊重，他（她）会感到心理满足，会产生积极的工作效率。我们说，快乐会导致效率与财富增长，就是这个道理。因为，在一些大的单位里，有的普通员工在公开场合可能一辈子都点不到他的名字。你的这一小小的举动，会带给员工实际的快乐满足。而实际上，生活中这一类事情是很多的，要做到也不难。关键是我们要有这样的理念。

　　国外有个试验，五一节到了，他们给两组员工以奖励，因为五一节本是没有奖励的。给一组员工发了500美元，让各自回家过节去了。还有一组员工，也是500美元，但是不把钱发给他们，而是组织他们去旅游一趟，并在这个旅游的过程中吃了一顿法国大餐，这个法国大餐要占到200美元，平时自己一般是不大会去吃的。五年以后，对两组员工进行回访。那个发500美元的一组员工早把这件事情给忘掉了，但是那个旅游一趟并加一顿法国大餐的那组员工，每个人都记得这件事情。而且每人都说那次活动组织得不错。这就说明了一个什么问题呢，说明我们完全可能用同样的钱来办让员工更加满意的事情。这就是快乐管理里面的一个重要内涵。

还有一个例子,有一位教师刚任二级学院的行政管理工作,三八妇女节到了,手头缺乏经费,就让办公室同志去采购鲜花。学校附近有一个花鸟市场,那里的鲜花很便宜,25元钱就一大把了。刚好是星期二,大家集中学习完了以后,给每位女教职工发了一束鲜花。女同胞们很开心。每人一把鲜花,放在自行车篮里面骑回家去,感觉受到尊重,很自豪。别的学院都没有,就我们有。反过来,假如我们不是给每个女教师发一把鲜花,而是给她们每人发25元奖金的话,可能这个院长就要被她们吃掉了。她们肯定会想,你这个院长是怎么当的,这么抠门,25块钱都会想得出来。实际上,这里有个经济学的消费者均衡原理,当25元钱鲜花的效用大于25元奖金的效用并且25元鲜花足以引起人们的快乐的时候,请发鲜花。这会实现约束条件下(人均25元)的效用最大化,同样的钱,却让女同胞们获得了更多的快乐满足。

同样的原理还可以用在我们的社会管理上。比如吃鸟与听鸟的差别。你把鸟打下来,吃掉了就没有了。如果你不把鸟打下来,你可以聆听鸟的鸣叫,观赏鸟的飞翔。前者会破坏生态平衡,后者既保护了生态,又能够给人们带来听觉与视觉的快乐。现在有吃鸟的替代办法,你可以养。实际上,这个社会有许多可以替代的途径,这些途径既能够满足人们的快乐需要,又能够使我们的有限资源得到更好的利用。当你是以人为本的时候,你就一定会有很多的增加人们快乐的新途径可以找到。

二、快乐：人生与经济社会发展的永恒话题

（一）生产快乐

快乐是我们人生、经济与社会发展的永恒话题。世界上所有有效的生产企业无非是生产两个内容：一个是生产快乐，一个是节约生命，你举不出相反的例子来。节约生命就是使我们有限的生命变得更加有效，从而使人们获得更多的快乐满足。因此，企业生产归根结底是一个目的：生产快乐。你生产更好吃的面包，更可口的饭菜，更舒适的衣服，更舒适的房子，都是为了增加人们的快乐感与满意度，为人们提供快乐和更加快乐的产品。假如你生产的产品是给人们带来痛苦的，衣服穿起来会发痒，饭菜吃下去要倒胃口，唱片的歌很难听，那你这个产品是卖不出去的。所以，世界上所有的生产，实际上都是在生产快乐。而产品只是快乐的物质载体。

在成本相同的情况下，谁生产的产品给人们带来的快乐更多，谁获得成功的机会就更多。现在，人们不仅是追求吃的快乐、穿的快乐，还追求生的快乐、死的快乐。吃的快乐、穿的快乐自然不必说了，生的快乐、死的快乐

两个问题需要特别地讲一讲。

生的快乐,就是现在许多女同志自己不生了,躺在床上做剖腹产,让医生来帮忙,睡一觉小孩子就生产出来了。以前女同志生一个小孩子比较痛苦,危险也较大,现在的情况大大改观了。当生小孩的惧怕大大减缓后,女同志结婚的快乐指数就会进一步上升。

死的快乐,就是指安乐死、临终关怀一类的事情。死亡是人类目前还渡不过去的问题,并且是人类的最大痛苦。死亡既然是人类的最大痛苦,对于死那就要有讲究。荷兰已经为安乐死立法了,我们还不行。理由已经在前面讲了。但临终关怀以及对于生命晚期病人的痛苦照料却是大有讲究的,并且是能够做到的,关键还在于理念与意识问题。临终关怀就是要让临终病人在有限的时光里,安详地、舒适地、有尊严而无憾地走过人生旅程的最后一站。每个人都会走到生命尽头,老人临终时要让亲生子女拉着手,让他安然离去。这样会让他(她)感觉自己的生命已经获得了延续,就会离开得很安详。因为,现在我们还解决不了长生不老的问题。中国有何首乌等十大长生不老药之说。欧洲一直在研究长生不老药,其实就是研究如何延缓衰老的药物与治疗方法。因为,死亡是人类的最大痛苦。这个最大痛苦谁都害怕,又是谁都要面对的。可以预见的是,今后的科学会越来越多地转向生命科学研究,以便进一步解读人的生命本身,控制死亡基因,延缓人的衰老。所以,科学的发展同样逃脱不了快乐原则的支配。生产快乐、增加快乐、减少痛苦是人类生产与科学发展的永恒方向。

（二）节约生命成本

生产的另一个目的是为了节约人们的生命,使有限的生命变得更加有效。生产机器代替手工劳动,生产手机增加生活的方便,生产快速列车使人们的旅行更加便捷,所有这些生产行为都是为了一个目的——如何使人们有限的生命变得更加有效。如果你生产的产品是使生命变得更加无效的,如你的机器比手工操作还要慢,你的产品就无法被人接受,这种产品肯定不会得到推广。成本相近的情况下,你的交通工具比其他的交通工具来得慢,乘坐的人就会减少。为什么要使有限的生命变得更加有效呢？这是因为人们都要受到有限生命成本的约束,并期望在这个有限生命里面得到快乐最大化值。这就是快乐作为终极目的对于包括生产与管理在内的整个人类社会发展的终极价值原则的重要性所在。趋乐避苦这条真理无所不在,无处不在,一切人、一切企业均无法逃脱。正如18世纪英国著名思想家边沁所言：

> 自然把人类置于两个至上的主人——"苦"与"乐"的统治之下。只有它们两个才能够指出我们应

该做些什么，以及决定我们将要怎样做。在它们的宝座上紧紧系着的，一边是是非的标准，一边是因果的链环。凡是我们的所行、所言和所思，都受它们支配；凡是我们所作一切设法摆脱它们统治的努力，都适足以证明和证实它们的权威之存在。

（三）一个实例：餐馆饮食快乐的七个层次

事实上，人类所有的生产和消费行为都是离不开快乐这个终极目的支配的。我再举个办餐馆的例子，以便让大家对快乐理论有一个更加具体生动的理解。人在吃的快乐上大概有七个层次，最基本的层次是饱觉，饱觉是基本的生命营养需要。如办给农民工吃的餐馆一般就是以满足饱觉为基本要求的。你卖给农民工吃的餐馆（如大排档）只要达到饱觉，能让他吃饱，就达到基本要求了。因为农民工的收入不高，不可能来购买你餐馆的轻音乐与豪华装修，他付不起那个费用。

饮食与餐馆的第二个层次是味觉。就是说，你推出的这个菜不光要吃得饱，还要好吃，味道要好。你办给一般市民吃的餐馆，尤其像现在的农家乐，它的菜有个特点就是有味道。农家菜不讲究颜色与看相，好吃就行，追求实在，这正好适应了一般休闲用餐者的需要。

餐馆的第三个层次是嗅觉。就是不光要吃得饱，有味道,而且闻起来香,以满足嗅觉的需要。办给大中小学生吃的摊点小餐馆大致就是这个层次。像肯德基,就是这样,嗅觉、味觉都比较的齐全,并且容易吃饱,所以就容易被大中小学生和一些市民接受。

餐馆的第四个层次是满足视觉快乐的需要。也就是说,不光吃得饱,有味道,闻起来香,而且看上去要好看。国内三星级以上的宾馆的餐厅往往就有这种要求。但是,也要注意,餐馆满足人们饮食需要的各个层次是有一定序列规则的,你不能搞反了。比如你要想让菜的颜色、形状好,首先味道一定要好、要能够吃饱。不能只追求好看,味道不好,还吃不饱,那么你的餐馆迟早是要办不下去的。要满足上面一个层次的需要,下面的层次一般要先能够满足。

餐馆的第五个层次是特色,就是人家没有的你有,以满足人们对于新奇感的需求。在满足了饮食的一些基本需要后,新奇往往成为消费者追求快乐满足的一个新内容。旅游经常就是满足人们这方面的需要的。人在多个方面都有新鲜感的要求,比如每天吃一个同样的菜可能就不行,经济学上叫做边际效用递减。餐饮也有个新奇问题,一些餐馆常常称之为特色菜,以特色招徕顾客,实际上就是以特色满足消费者的新需求。

餐馆的第六个层次是听觉。饭菜不光是要吃得饱,味道好,样子好看,最好在用餐场所还要有点轻音乐,以满足人们在消费过程中的更高层次的需要。我们看到,有些大酒店的大厅里摆了钢琴、古筝,有人在演奏,让人们在饮食的同时,享受音乐的快乐,同时给人以听觉的享受。这样,一顿饭下来,满足了人们多个层次的快乐需要,那个菜价格自然就要贵一点了。

餐馆的最高层次是感觉,我想这大概是饮食的最高境界了。感觉就是置身于湖光山色之中,以获得饮食的多层次的全面享受。办在湖光山色中的高档餐馆,餐饮价格一般是比较贵的。我为此专门写过一篇文章:"莫道湖光无价值,楼外楼上卖春色",发表在《经济学消息报》上,分析杭州楼外楼菜价的道理。当年我去楼外楼吃饭时,楼外楼似乎比市里面同样饭店的菜价要贵约30%。楼外楼餐馆外面还有一个露台,对着西湖的露台像走廊一样,很宽敞,可以摆几张桌子。那几张桌子的菜似乎又要比里面的贵30%。有次我们去那里吃饭,不知道那么贵,我们就坐定了。要知道它那么贵,我们就不去坐了。事后我研究了它的定价原理。它是平均定价,几种菜是店里规定搭配好的,有两种价格,一个是800,一个是1000,是六七年前定的价格。因为它直接面对西湖,确实西湖的风景很秀美。中国人有句古话叫"秀色可餐"。既然可餐,那么加价就自然在其理了。你坐在那个地方,佳肴连同西湖美景,全部被你"吃"进,所以菜要贵点了。这就是感觉,大概是饮食快乐的最高境界了。

讲到饮食，我再举个例子。2006年秋季我去北京开会，有一点时间空闲，我去看了一下长城，因为我从未到过长城。已经半百年纪，看一次长城应该不为过。我原本是想去八达岭长城的，被那个司机蒙了一下，到跟前才知道不是八达岭，而是居庸关。既如此，也得上，反正差不多吧。我上居庸关长城的时候，那个平台上还没有什么布置。但当我下来的时候，长城平台上的红地毯铺起来了，红地毯上放了许多大的圆餐桌，桌子上面铺着白色的桌布，玻璃酒杯里叠着红色的餐巾，布置得十分优雅、整齐。酒宴还未开始，旁边已经有六位白衣少女一字排开，在弹弄古筝。我们从边上下来，闻说是要在这里接待重要宾客。秋天的北京居庸关长城真是非常美丽，胜似香山红叶，满山秋色迷醉，再加上有音乐，脚下还有一洼池水，可谓湖光山色，美不胜收。在佳肴、美景、古乐的愉悦体验之中陶醉。这顿饭，可谓是美哉善哉啊！

从这里我们可以发现一个办企业的基本道理，不同的消费者有不同的消费需求与消费层次。为什么有些餐馆（企业）办得成功，有些餐馆（企业）办失败了，可能是与你办餐馆的层次和消费者的需求层次两者是否符合有关。餐馆定位不准，不能给消费者以相应的快乐满足，办的层次过高或过低了，都不容易成功。所以，提供快乐并且是提供适合于对象需要的快乐，是一个实践性的生产经营原则。

（四）医院中的无痛治疗与快乐管理

趋乐避苦是人类行为的根本特性，追求快乐与减少痛苦是人类行为的根本原则。尽管我们仍然需要艰苦奋斗，但艰苦奋斗最终是为了获得一个快乐幸福的生活。现实中，如果有些痛苦是可以避免的，我们就应当尽量为之避免或减轻，为人们创造更多的快乐。在这方面，医院中的无痛治疗就是一个很重要的理念与话题。

人都有生老病死，在生命行程中能够让大家快快乐乐地度过，是一个非常重要的事情。欧洲国家由于受古希腊以来的快乐思想影响，对于无痛治疗是很重视、也很讲究的。举个例子，发达国家对于一般的有痛苦的手术，都会给你全麻。让你睡一觉，做完手术，醒来就好了。以前，我们有很多手术都是半麻的，虽然是不痛，但是剪刀、钳子丁丁当当，病人、医生都比较紧张。据我所知，比如浙江大学的邵逸夫医院对痛的治疗就很重视，它有这个理念，就值得我们学习。

无痛治疗中的最典型例子是补牙齿。牙齿里面的痛苦神经碰到是很痛的，补过牙齿的人都有这个体验。据说在国外牙科医院，补牙一般都先打麻药，打好麻药，让你在旁边休息一下，麻药起作用了再上来补。现在的麻药是速效的，实际上耽误不了多少功夫。中国的一些牙科诊所就不是这样做了。

病人:我的牙齿不好了。

医生:嘴巴张开,让我看一下。

病人:是右边的大牙不好。

医生:嘴巴张大一点,嗯,是不好了。

(电钻,嗡嗡响)。

病人:我怕痛的,哎唷,痛的。

医生:熬一下,熬一下。

电钻,依然嗡嗡响个不停。

牙齿里面有很敏感的痛苦神经,那个疼痛是很难忍受的。打不打麻药,这就是一个理念问题。他让你熬一下,还是打麻药后舒服地躺一下再补,对人们的苦乐感受差异很大,这个差异很大程度上来之于理念。所以,你们要是办牙科诊所,技术又跟人家相当,只要再加个无痛补牙的广告,可以助你生意兴隆。

所以,快乐生产、快乐消费、快乐工作、快乐管理、快乐服务是一个系列性的话题。因为快乐是人类行为的终极目的,所以快乐的问题无处不在。大到民族、社会与世界的发展,小到企业、个人与医生补牙,只要你掌握了快乐原则,就掌握了世界发展的根本,就会大大地减少走弯路的错误,就会有大的收获。因为,在快乐与效率、财富、社会进步之间,更加可能的情形是快乐导致了这一切。

（五）税收与快乐

讲到快乐的实践问题时，还有一个话题要讲一讲，就是税收与人们快乐的关系。大概由于我是研究快乐经济学的缘故，总免不了要时时想起家国的事情，可见，经济学不是一门很快乐的学问，难怪被人称为沉闷的科学。

我们说，税收有扭曲效应。开征营业税会降低经营者的积极性，开征消费税会降低消费者的积极性，开征环境税会降低生产者的积极性，从而降低经济激励机制的作用。这就是税收的扭曲效应。

但是，大家也要看到，税收同样有它的快乐效应。征收个调税可以适当减少人们的工作时间，有利于增加人们的闲暇，从而增加健康。有了闲暇与健康后，你可以活得更长寿，为家庭和国家作出更大的贡献。对个人有好处，对国家也有利。

征收环境税，则可以减少污染和有助于生态环境的保护。征收高消费税可以减少你对有些东西的乱消费，可能也会有利于你的健康。一桌 3000 元钱的饭菜跟一桌 500 块钱饭菜相比，前者可能饭菜太好，营养过剩，容易吃成脂肪肝、高血脂，对健康反而不利。所以，我是比较主张对高档消费品、奢侈品征的税多一点的。勤俭节约是永远都要提倡的，因为我们的资源不够。尤其是对钻石品类的奢侈品，征税也有助于消费者的快乐。比如一块钻石各种成本加起来价值一万元,你加它几万元的奢侈品税,它的价格就上去了。你卖一万元,他觉得戴起来没面子,加了几万元,就觉得有面子了。因为,一些奢侈品带有炫耀性消费的性质,对社会实际上有负面影响。这种负面影响主要是对贫穷阶层人们的幸福心理产生不利影响。你对这些产品征税,一方面可以看做是对它的负面影响的一种社会弥补,另一方面也有助于这些消费者的快乐满足,从而是一举两得,实现双赢。

所以,收入调节税、消费税、汽油税、资源环境税等的征收,都具有矫正人们的行为、有利于社会最大快乐的作用。著名福利经济学家黄有光教授就是这样提出问题的。我这是从他那里学来的一招。我不主张多征税,因为目前存在着税收的较大成本与财政资源的较多浪费以及某些税负过重的现象。但税收确实也具有快乐效应,只要我们掌握得好,快乐原则同样是税收立法的根本基础。

> 世界上所有的生产,实际上都是在生产快乐,而产品只是快乐的物质载体。增加快乐、减少痛苦是人类生产与科学发展的永恒方向。

《陈惠雄解读快乐学》

第五讲

快乐（幸福）指数

> 人道者，依人为道，苦乐而已；为人谋者，去苦以求乐而已矣，无他道矣。
>
> ——康有为：《大同书》

下面我们来讲幸福指数。幸福指数是近年来才在我国流行起来的一个概念。在网上，关于快乐指数或幸福指数有几十万乃至几百万个条目。这个名词现在在我国已经很热了。有机会我也给大家做个幸福指数调查，看看大家有多幸福，多快乐，幸福指数不够高的话该如何弥补，如何调整自己。实际上，我认为，叫快乐指数更加准确，因为苦乐是人类生活的终极体验，客观存在的东西最终要由人们的苦乐体验来说明，我们在这里把幸福指数或快乐指数在同等意义上使用，就像前面大致把幸福与快乐在接近的意义上使用一样（国外也经常是这样的）。

一、国际上的快乐（幸福）指数调查

快乐指数调查是一个比较有实际意义的话题。国际上的快乐指数调查已经进行了差不多半个世纪了，并被描绘出世界快乐地图。2006年12月，英国莱斯特大学社会心理学家怀特通过访问178个国家或地区的八万多位民众,推出了一张"世界快乐地图",除了丹麦高居榜首,瑞士和奥地利等欧洲五国也打进前十名。美国排在第23名,中国列第82名。

荷兰鹿特丹伊斯拉谟大学还设立了"快乐世界数据库",定期发布快乐排名。除了让九十几国受访人民给自己的快乐打分数,还推算"快乐时光"排行榜,列举各国民众一生中快乐时光的长短。结果发现,瑞士人的快乐时光长达63.9年,笑傲全球,美国人的快乐时光平均为57年,中国人的快乐时光平均为44.3年。排名垫底的是津巴布韦,平均快乐时光为11.5年。

英国智库新经济基金会(NEF)进行的"快乐地球指数"调查,综合考虑生活满意度、平均寿命和环境承受能力(包括全国人口生活空间和能源消耗量)等指标,对178个国家和地区进行快乐排名。像哥伦比亚、哥斯达黎加和巴拿马等开发中国家的快乐指数都比较高。最不快乐的国家也是津巴布韦。新经济基金会负责人西姆斯说,人们的生活依赖环境与资源,而两者都是有限的,各国都应在充分尊重环境与资源的前提下努力提高人民生活水平,快乐国家和地区的排名反映的正是各国在这方面的成败。

我们国内是最近几年才关注这件事情。快乐指数调查为什么重要呢? 因为,快乐是人类行为的终极目的与终极价值,并且是人类自身身心需要的反映,它的满足程度理论上应该是可以说明与测量的。国民快乐指数可以反映出社会发展的系统成就,反映人民对于发展的满意度,并为我们的经济社会发展、立法与道德建设提供重要依据。

快乐指数调查有好多种方法。一种是整体的调查,用一个或一组问题,来测量大家的幸福指数。下面这个图是日本1958—1987年30年间的主观快乐平均指数状况。从图5-1中可以看出,从20世纪50年代末到80年代末,尽管日本的经济增长迅速,但是它的人均快乐指数一直在5.9附近摆动,没有提高。一直到本世纪初,日本人的快乐指数才有所提高。目前大概提高到6.2的水平。

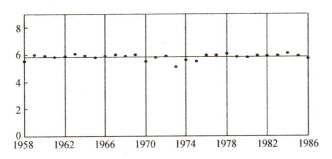

图5-1　日本1958—1987年主观快乐平均数调查
数据来源:Veenhoven,1993。

日本的国民快乐指数一直是偏低的。什么原因呢?战后日本重建的任务比较重,企业组织比较封闭,是重要原因。日本的企业有点像我们计划经济时期的"铁交椅",一个员工经过招聘录用后,一般是不辞退的。终生在一个单位服务,大家工作小心翼翼,男人的工作压力比较大。妇女呢,地位相对比较低,这些可能都是原因。进入本世纪初以来,日本开始摆脱这些问题,企业组织也开放了,新生代成长起来了。特别是被叫做 National Cool(国民生活快乐)的日本娱乐软件业兴起,并成为日本的支柱产业后,改变了日本国民的生产与生活面貌,整个国民的快乐指数都显著提高了。快乐导致财富增长这句话,在日本也得到了应验。

现在,各种快乐指数、幸福指数的全球调查与排名的数据很多,但是在像血压计一样的"快乐计"研究出来之前,这些调查都只能是逼近实际,而没有办法彻底准确地计量它的。

快乐指数调查中还有一种是单项目调查,典型的如婚姻与快乐的调查、个性与快乐的调查、收入与快乐的调查等等。

国外很重视已婚者和未婚者的快乐指数调查。下面这个图是澳大利亚的一个调查,上面这条是已婚者的快乐指数曲线,下面这条是未婚者的快乐指数曲线。根据澳大利亚的有关快乐调查,未婚者每年要多花 5 万澳元,才能够与结婚者的快乐持平。而 5 万澳元相当于一个澳大利亚人当时中高等收入者一年的收入。最近在美国有个调查,未婚者要赶上已婚者的快乐指数,一年要多花 10

万美元。这相当于一个美国中上等者的收入。这多花的钱可能是通过其他一些替代的项目来弥补未婚的痛苦的。可见,婚姻有利于快乐是被证实了的。

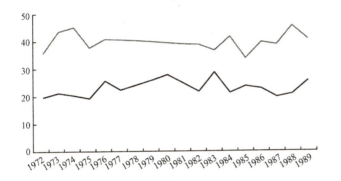

图 5-2　婚姻与快乐

数据来源:National Opition Research Center 调查,1991。

从国外的婚姻与快乐的关系调查中证明,有婚姻的人比较快乐。婚姻与快乐的大致排序是:已婚者最快乐,其次是未婚者,最不快乐的是婚姻破裂者。婚姻破裂的甚至比未婚者还要痛苦。我们中国人说的"宁拆十座庙,不破一门婚"的说法,看来是有道理的。所以,我们要善待婚姻这件事情,劝年轻人不要动不动就离婚。更加不要把我们的口头禅由"吃了没有"改为"离了没有"。那样会助长离婚风气的,因为人有从众心理,一些人好跟风。跟上了这样的风,幸福指数就下降了。

二、我国国民快乐指数调查的结构与现状

近年来,国内的幸福指数调查也逐渐展开,有多支队伍在尝试这个工作。我于2003—2005年做了浙江省不同人群的快乐指数调查。下面我给大家看几个数据:

(一)不同职业人群的快乐指数报告

一是浙江省不同职业人群的快乐指数报告:机关事业单位干部7.3;教师、医生7.2;离退休人员、企业经理7.1;私营业主7.0;企业一般管理者6.9;机关事业单位一般工作人员6.8;学生6.7;其他6.4;工人6.3;农民6.2。

从这个报告的结果看,机关事业单位干部的快乐指数为最高。报告发表了以后,引起网上一些评论,其中有的评论说,难怪有那么多人去考公务员,原来干部是最快乐的。当然,调查只能作为参考,取样等都是影响指数的因素。但2007年《小康》杂志公布的中国快乐小康指数的调查结果,与我的研究结论大致是接近的。《小康》杂志公布,公务员为最快乐群体,其次为自由职业者和教师。如果我们的调查分析没有错的话,这可能与我国目前体制下,干部在收入、社会保障、社会地位、尊重等方面整体状况较好有关。有些媒体发表我的报告时,把机关

事业单位领导干部与一般工作人员的快乐指数一平均，就下降了。我觉得，领导干部的快乐指数、幸福指数高是一件好事，我们不是要把干部的幸福指数降下来，而是要把其他职业人群的快乐指数提高上去。群众看干部，幸福指数向上看齐了，社会就和谐了。

调查的快乐指数第二高的是教师和医生。目前我国教师和医生的总体状况应该说是比较好的。尤其是大学老师应该是一个不错的职业。它相对自由，不坐班，又有寒暑假，时间自由支配并有闲暇与亲人在一起，收入还不低。尽管有些老师感觉压力大，我认为压力大主要是有的老师既在这个岗位，又没有认真去服务这个岗位造成的。不看书不学习，你当然就写不出论文来了。20年前，我硕士生毕业时，就曾经把坐机关与做教师的职业做了个比较，后来一列表，发现从专业发展、生活安定、思想自由、工作自由、闲暇、收入、组织内人格平等七个方面，教师职业都具有优势。所以，教师的快乐指数比较高，应该是有理论依据的。

快乐指数最低的是工人和农民。浙江的农民是连续26年全国首富，浙江农民的快乐指数依然是最低的。6.2与7.3相比是一个很大的差距。所以，农民问题仍然很值得我们关注。目前，浙江省人均快乐指数是6.88，美国人的人均快乐指数是7.2。所以，我认为，尽管中国发展中面临的问题较多，但迄今为止就浙江而言，仍然是总体上比较有成效的。

(二) 快乐源分析

下面是以浙江省为例的我国城乡居民目前快乐来源的分布状况。

健康	26.5%
亲情	24.9%
工作	11.7%
人际关系	11.6%
收入	9.8%
自由度	7.3%

从这些快乐源数据可以看出:第一是健康占26.5%,第二是亲情占24.9%。这两项要占到人们整个快乐来源的51.4%,在国外是48%。总之,健康与亲情两项要占到人们快乐源的50%左右,这在国内外是比较稳定的。可见,健康与亲情对于人们快乐的重要性。

第三个影响因素是工作(11.7),第四个是人际关系(11.6),第五个是收入(9.8)。收入只占人们快乐来源的10%的样子。这说明,在单向度的财富攀比中,人们以为收入很重要,但真正当人们全面地思考快乐幸福的影响因素时,都会感觉健康与亲情的重要了。第六个是自由度,也占到了一定的份额(7.3),其他的因素占的比重就比较低了。这些是目前我们以浙江省为例测量的快乐源的主要因素。当然,我们的量表设计还在改进之中,有些分析可能还是不够全面的。

（三）痛苦源分析

前面讲的是快乐源,即目前我国城乡居民主要的快乐来源。下面我们来看看痛苦源。

疾病	18.5%
工作压力	15.9%
收入	13.9%
人际关系	12.5%
孤单感	9.8%
闲暇缺乏	8%

从调查的情况可以看出,疾病是第一痛苦源,占18.5%,这可能与我们这些年医疗费用比较高、亚健康状态的发展以及一些恶性疾病增长有关。第二大痛苦源是工作压力比较大,占15.9%。这说明,目前我们的工作状况、劳动条件等都有待进一步改善,工作压力需要缓解,工作的激励因素远没有发挥出来。成年人三分之一的时间用在工作上,工作成为第二大痛苦源,是很值得我们重视的一件事情。怎样使人们的工作过程变得快乐呢？如和谐的劳动组织关系、合理的收入分配、有效的劳动保

障,这些都是促进工作快乐的重要方面。在美国,有50%的人对自己的工作不甚满意。根据美国一位幸福课教师的看法,这些人之所以不开心,并不是因为他们别无选择,而是他们的决定,让他们不开心。因为他们把物质与财富放在了快乐之上。

第三是收入,占13.9%。这说明人们仍然感觉收入偏低,尤其是农村居民的收入痛苦感明显高于城市居民。

第四是人际关系,占12.5%。这大致也说明,在目前的社会环境中,人际关系的处理不善,不够和谐,已经占到人们痛苦的比较大的比重。

第五是孤单感,占9.8%。孤独是我们调查前没有引起注意的问题,尤其是我们发现,农民的亲情快乐比较缺乏。在城市居民中有27.4%的人认为亲情是第一快乐源,高出农村居民6.5个百分点。深入分析我们发现,农民工与城市中的保姆以及一些农村老人,来之于亲情方面的快乐比较少,痛苦比较多。很多农民工一个人从农村到城市,往往是上有老、下有小。一些来城里做保姆的妇女,年龄也不是很大,家里往往是有丈夫的。到城里来赚这么点钱,往往会忍受着亲情上的痛苦。我们可以观察城市小区中的一些保姆经常聚在一起,相互解闷,我们应当可以理解她们的心情。我爱人和我讲,她一天的家务活似乎很忙,但看小区的保姆们好像很空闲,经常聚在一起。我说,她们是由于缺乏亲人沟通的痛苦,所以就在一起相互解闷。一些农民工在城里打工,为了省钱,往往只有过年时才能回去。由于长年忍受与亲人分离的痛苦,我们这就可以解释为什么过年车票再难买,民工们都要回家的理由。

农民的孤独问题和亲情问题需要我们全社会来关注。我提倡给农民工弄点夫妻房,这个月你的家属来了,可以提供给你的家属住,适当收点房租费。你的家属走了,下个月另外的家属来了,可以安排另外的农民工夫妻住。这对于政府、企业、个人都是件好事,快乐的事。还有农村孤寡老人的衣食住行、"夕阳红"问题,都需要社会的支持与关照。从调查来看,这些事情确实是值得关注的。农村老人在亲情快乐方面的满意度比较低的原因,还与农村的经济条件比较有限有关。家中的收入低,又要考虑在祖孙三代人之间进行分配,而我们这个社会的总体分配规则是分配给孙子较多,老人较少,所以就有了老人的亲情满意度不够高的问题。

第六是闲暇缺乏,占痛苦源的8%。但从闲暇不足给人们带来的痛苦感方面看,城市居民要明显高于农村居民。农民对于闲暇的需求较少,而城市居民则有较为明显的闲暇需求。这与亲情的问题正好相反。

总之,从痛苦源方面来说,疾病、工作压力、收入、人际关系、孤独、闲暇缺乏这几个方面可能是最主要的了。逐步解决这些问题,为最大多数人构建一个幸福的社会环境,将是一件非常有意义的事情。从调查中发现,人们对环境的敏感性不强,全球都面临着这样的问题。这可能与环境的公共产权性质有关系。什么叫公共产权呢?就是这个东西是公共所有、大家有份的东西。由于人们对私权比公权更加关心,公家的东西就容易损坏,所以就导致了这个问题。这表明,目前人们仍然处于比较低的境界状态。环境是包容在人类快乐最外层的影响因子,其实最外层的也是最根本的,它包容了人类生存空间中的一切。这个问题只有通过有理性的环境保护制度与人们的觉悟提高来进行解决。

(四)我国婚姻状况的苦乐感比较

下面我们来看我国已婚居民和未婚居民的快乐指数状况。从调查情况反映出,已婚者的快乐指数差不多是一条直线,目前的快乐要高于5年前的快乐,5年前的快乐又高于10年前的快乐。这证明了,结婚比不结婚快乐,而且它预期未来的快乐还要高于目前的快乐。

但未婚者的快乐指数曲线就不同了。未婚者以目前的快乐感为最低,是6.61,而已婚者为7.0。未婚者5年前要比目前快乐,10年前又要比5年前快乐,这大致表明目前是最黑暗的时期。这个研究说明了,未婚者常常愿意沉浸在对以往事情的回忆上,10年前可能还没有谈婚论嫁,好像是还比较快乐,到5年前年龄大了起来,未结到婚,快乐指数开始下降了,到目前仍然单身一人,为最糟糕的时期。想想未来可能会结到婚的,可能未来会好的,所以未婚者的快乐指数曲线是U字形的,以目前为快乐指数的最低点。从快乐指数比较研究中我们得到了以下结论:

其一,已婚者比未婚者快乐。从我们的婚姻调查来看,已婚者比未婚者快乐。未婚者以目前快乐为最低点且比已婚者快乐指数低。所以,这证明大多数人是向往结婚的。有些人说好像我打光棍没有关系,这个对大多数人来说恐怕都不是这样的。

其二,从未婚者快乐指数比较中发现:未婚女性比未婚男性快乐。我们还发现一个有意思的现象:在未婚人群中,女性的快乐感在不同时期均高于男性,也就是说男女同样都不能结婚时,女单身者要比男单身者快乐一些。这说明什么呢?说明虽然不结婚对男女双方都痛苦,但对男人来说是痛苦更多。这证明,结婚对男人的好处会更多。所以,男女结婚,男方向女方付聘礼是有依据的。在座的姑娘千万别便宜了那小伙子。

其三,已婚者比较:结婚对男方更有好处。对已婚人群来说,男性和女性的快乐感是基本相同的。这再次证明结婚对双方都有好处。但是,在对10年前的快乐感的回忆上,女性要高于男性,也就是说,在对没有结婚时的回忆上,女的快乐感要比男的高一点,这可能与婚后女方要承担更多的家庭事务、生育小孩以及婚姻对男性更加有利有关。所以,从已婚者研究中我们同样得到结论,婚姻对男女都有好处,但对男人更有好处,不能结婚对男人更加不利。这为结婚要男方拿聘礼给女方提供了又一个依据。

其四,结婚有利于男性健康长寿。最近有一个"单身男性难长寿"的研究报告表明:结婚的男人比单身汉长寿。单身汉因心血管疾病去世的人数为最高。专家发现,这些单身汉并没有身体的毛病,而是缺乏心理上与感情上的安全感。但结婚或不结婚并不会影响到女性的寿命。一个解释是女性的社会圈比较广,常常有机会向朋友或同事吐吐心事。但大多数的男人只能向自己的爱人埋怨、诉苦,以疏解精神压力。单身汉就没有这样吐苦水的机会。结婚还可以使男人长寿,这是男人要付彩礼给女方的第三层理出了。

从经济学上说,公平交易嘛,既然婚姻惠利对于男人的好处更多,为了均衡这个矛盾(女方结婚的快乐净收益不如男方高),看来男方付出聘礼是有理论依据的,男方追求女方也是有道理的,因为结婚对男方更加有利,大家都不能结婚,对男的更加不利。所以,横竖你都得拿出钱来,都得主动去追人家,或者至少要为丈母娘家多干活。

> 健康与亲情是人类快乐的主要来源,疾病和工作压力是目前社会痛苦的主要因素。
>
> 在婚姻现状中,已婚者远比未婚者快乐。在未婚者中,女性要比男性快乐。结婚对男方更有好处。所以,我倡导男人要为女人多奉献。

《陈惠雄解读快乐学》

第六讲　金钱与快乐

> 为什么我认为偏好和欲望之类的满足就其本身而言并不具有规范性意义而只有快乐才如此呢?为什么快乐是最根本的,而其他事物从根本上说只是就其对快乐的直接或间接的促进作用而言才是重要的呢?对此的简单回答是,只有快乐和痛苦本身才有好坏之别,而其他事物均无这种性质。
>
> ——黄有光:《效率、公平与公共政策》

5年前,我曾经预计,可能要再过半个世纪,人们才会普遍认识到快乐是人类生活的终极价值所在。因为,大部分人还是把争取更多的金钱而不是更多的快乐作为生活的目标。随便谈谈快乐,还可以,但真正认真起来,多数人只喜欢谈金钱,不喜欢谈快乐。只要有钱,快乐可以忽略。快乐讲座肯定没有金钱讲座叫座。每天几乎一刻不停的股市评论是金钱讲座,还从未见过有快乐电视讲座如此红火的。金钱就是快乐,快乐终极被金钱终极替代了。这是一个被颠倒了的危险现象。

然而,想不到近年来的形势大变。尽管金钱讲座仍然吃香,但文化与快乐讲座悄然兴起,并大有后来居上之势。大家反响很热烈的于丹的《论语心得》,就是一个调节人们心态、有利于快乐的文化讲座。于丹讲论语心得,给人们以心中所需要的为人处事的那种快乐道理。

于丹的论语心得基本不谈金钱与快乐的关系。那是因为论语的缘故。但也绝不是一点不谈,孔子弟子们的吃饭、住所就是一个与钱有关的问题。只不过,他们对此很淡漠。这就是一种境界。我们是一个系统的快乐学讲座,钱是快乐的物质基础,并且大家都那么关心收入的问题,所以要把金钱与快乐的关系讲清楚,以便有助于我们对物质与生命的关系建立起一个正确的认识。

一、金钱的第一效用:快乐的物质基础

钱对于快乐当然是有作用的,我们从来不否认它,只是它不是一个最终目标,而是一种手段。澳大利亚黄有光教授曾经写过一篇《金钱不能购买快乐》的文章。金钱的第一效用是快乐的物质基础。没有钱,你吃不饱饭、住不起房子,是不行的。现在的房价很高,年轻人为房子发愁,要按揭,感觉负担重,有个新名词叫房奴,就不快乐了。由于钱具有购买一切劳动产品的能力,所以钱的第一效用就是人们生活快乐的物质基础。没有钱连最基本的消费都会受影响,那就是痛苦。这是它的第一个作用,也说明了人们为什么需要挣钱的基本道理。

二、金钱的第二效用:安全心理感觉基础

金钱的第二个效用是身心安全与"为所欲为"的心理感觉基础。中国有句俗话:"家中有粮,心里不慌。"不慌就是心安,心安便有快乐。古希腊哲学家伊壁鸠鲁讲,快乐就是"身体的无痛苦和灵魂的无纷扰"。但是,现代社会中要做到灵魂的无纷扰,要做到心里不慌,就要有一定的经济基础。所以,金钱的第二效用是在身心安全方面的。

不是说有钱让你去吓唬穷人,而是说你有了一定的物质基础后,能够对付应该由你来承担的经济责任和一些突发事件。假如你儿子考上大学了,或者你家里需要购买大件的东西,需要一笔开支。你没有钱,就难以应付,有钱的话就能从容应对这些事情,避免向别人借。"财大气粗"实际上讲的也就是这个道理。因为,用钱向别人借,往往有一种出售尊严的心理感觉,有一些心理成本,往往会造成心理痛苦。可见,金钱的效用不光是物质满足与生理需要方面的,而且还是身心安全、自尊等心理需要方面的。由于足够的金钱能够大大提高人们应对突发事件的能力,能够增强应对社会环境变化的心理底气,从而较大地提高人们的生活满意度和快乐感,提高人们的社交水平,提高自我意志实现的可能性。

讲到财富与心安的关系,这里我要讲件革命烈士刘胡兰的故事。刘胡兰出生在山西省文水县的一个中农家庭,刘胡兰的父亲刘景谦自耕自种四十多亩土地,是户殷实人家。家有余钱剩米的中农——中产阶级是最希求安定并有经济力量取得自我安定的阶级。而有余钱剩米是快乐与心理安全的重要基础,所以也特别期望安定的快乐。刘胡兰的家门口立有一块石碑,上面刻了三个大字:"安为福"。也就是说,平安就是最大的福。石碑是刘胡兰爷爷立的。"安为福"三个字典型地反映了刘胡兰这样的中产阶级家庭的心态与幸福观。按照毛泽东同志在《中国社会各阶级的分析》中所讲的,像这样的家庭是比较保守的,"安为福"的价值观、幸福观是与刘胡兰家里的经济基础状况相适应的。

按理,像刘胡兰这样的家庭是比较祈求平安的,对革命的态度是偏向于保守的。那么,刘胡兰16岁就有那样的觉悟,面对敌人的铡刀不怕死,是如何产生的呢?一是刘胡兰的确从小就积极投身革命,二是刘胡兰还受到了一个叫王本固的八路军连长的影响。事情是这样的,1946年10月,八路军连长王本固染上疥疮,在刘胡兰她们那个村子里疗养,由刘胡兰照顾。刘胡兰帮王连长洗衣服,一来二往,两人产生了感情。王本固和刘胡兰提到了订婚的事情,而且还到刘胡兰家吃了酒,刘胡兰父亲对王本固很满意。刘胡兰成了王连长的未婚妻。我想,忠贞的爱情至少是加强了革命的感情,给了刘胡兰以鼓励,使得她有更大的勇气面对敌人的铡刀。王本固由连长升到师长,心里也一直珍藏着对刘胡兰的怀念,直到他离休,直到今天。……

三、金钱的第三效用:释放生命

金钱的第三个效用就是用生命做的事情用钱去做,这既是钱的另一个重要用途,也是做人、做事的一个重要原则。生命行程中很多要用命做的事情都可以用钱去做,把生命节约下来。因为人的生命资源是有限的,钱既可以用来消费也可以用来投资。用来消费,比如购买食物、衣服、房子,可以满足当前的快乐需要;用来投资,通过投资增加收益,可以满足未来的快乐需要。那么,当工作到一定年龄、资产积累到一定阶段后,你就可以把生命释放出来,做一些自己真正愿意做的事情,而不是为了收入而工作。比如去旅游,去学习,去做慈善事业。

举个例子吧,从杭州到北京,最没有钱的情况只能走路了,有点钱可以骑自行车来,再有点钱可以坐慢车来,再有点钱可以坐快车来,再有钱可以坐飞机来。走路要两个月,坐慢车两天,坐飞机两个小时。这省下来的时间,就是金钱节约生命成本的效用。现在发明快速列车,也是为了解决人们的生命时间更加有效的问题。所以,人们为什么这么重视钱呢?就是因为对生命本身有好处。人生中很多需要用命做的事情,都可以用钱去做,以便把自己的生命释放出来,这样能使人的生命发挥更大的效用。以前英国人讲人生从65岁开始,就是包含了财富积累以后,生命获得释放,从而实现更大快乐的道理。

所以,挣钱归根结底是为了人们的生活幸福服务的。这就是我讲的,"要做到钱为命所用,不能命为钱所累"的道理。如果总是命为钱所累,你就会得不偿失,失去了钱作为劳动价值结晶对于人生快乐的意义了。

四、对个人而言,恰到好处的钱是多少

对个人而言,究竟多少钱快乐为最大?或者说,恰到好处的钱是多少?这个问题不好回答。问题的复杂性就在于:

第一,钱的用途非常广泛,生理的,心理的,安全的,自尊的,实在的,炫耀的,几乎涉及人类需要的所有层次。钱多与钱少,从物质满足到自我实现,均可用到钱。也就是说,钱多钱少各有各的用途。钱多可以进行炫耀性消费,钱少则可以养家糊口。这就是为什么人们喜欢多多益善的钱的原因。

第二,每个人对钱的偏好(即喜爱程度)很不一样,有

的人对钱比较看重,有的人对钱不是那么看重。对钱看重不看重,又和一个人的遗传、经历、社会环境、价值观、受教育程度、社会保障程度等相关,原因比较复杂。所以,光从是否看重钱这个方面来说,无法评定一个人的价值观好坏与幸福感的高低。

假如赚钱没有成本,如天上掉馅饼,似乎就是多多益善,而且似乎钱不会嫌多。问题是赚钱需要支付个人的生命成本。你就那么点时间和精力,理论上讲,当你挣钱得到的效用(快乐)与你为此付出的生命成本(痛苦)相等时,那就是你恰到好处的钱。如果再往下挣,就是痛苦大于快乐,那就是得不偿失了。下面这个图表达的就是这个意思。

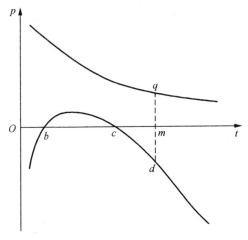

"恰到好处"的钱的示意图

上面这条曲线是钱的效用曲线,下面这条曲线是劳动的效用曲线。纵轴是快乐与痛苦的效用刻度,横轴是快乐与痛苦的分界线。先看上面这条钱的效用曲线,随着收入增加,钱给人们带来的边际效用是递减的,每增加一块钱的效用对你来说是递减的,当你有第一元钱的时候,你可以买一斤米过一天。当你有一亿零一块钱的时候,这个一块钱与你最初的一元钱的效用是不一样的。这就叫做边际效用递减规律。

再来看下面这条劳动效用曲线。劳动效用曲线表明,由于人们开始对劳动不适应,有痛苦感(ob),随着劳动的熟悉与组织环境的和谐,劳动会变得有味道(bc),这表明工作也是有快乐的。但当劳动超过一定点(c)后,比如超过一定劳动时间,或超过一定年龄,劳动又会由快乐变成痛苦,并随劳动时间或年龄增大而痛苦增多(cd)。这也就是我们要求按时休息与年纪大了退休的道理。当赚钱带来的快乐,与为赚这个钱付出的成本(痛苦)相等的时候(图中两根效用曲线离苦乐均衡线一样长的时候$qm = md$),这就是你恰到好处的钱。

所以,一个人的恰到好处的钱的均衡点就是由劳动收益(快乐)等于劳动成本(痛苦)来决定的。换个角度说,随着劳动时间增加,当劳动1单位时间赚钱所产生的快乐效用等于休闲1单位时间产生的快乐效用时,这就是恰到好处的钱的限度。再往下挣,就是得不偿失,就是无理性了。因为,再往下做的话,钱增加了,钱所带来的快乐效用进一步下降,痛苦却进一步增大。快乐少而痛苦多,就是得不偿失。这就是恰到好处的钱的道理。具体数字很难说清楚,每个人的情况不一样,但每个人都可以用这个原理自己去体会,去衡量,从而实现"钱为命所用,而不是命为钱所累"的快乐人生哲理。

五、对国家而言,人均5000美元是转折点

对于一个国家来说,人均国民收入5000美元可能是个"幸福—收入"的转折点。什么意思呢,就是当一个国家的人均国民收入在5000美元之前,收入增长会导致人们的幸福指数增长,收入与快乐的相关性比较强,我们叫做正相关。5000美元以后,相关性就明显减弱,甚至是不相关了。金钱不能购买快乐的结论以及"幸福悖论"就是这样来的。

欧美国家长期进行快乐指数调查,反映了这种收入增长、快乐不变的现象。如美国,今天的国民快乐指数与20世纪50年代的快乐指数几乎没有变化。而且,有关调查显示,美国最近10年的国民快乐指数还是下降的。自认为很快乐的人由34%下降到了30%。

现在,国内很多城市的人均GDP都已经超过了5000美元。2006年杭州是6500美元了。而且按照购买力平

价的概念来看,人民币远要比目前的汇率值钱。再换算回来,按购买力平价算的杭州的人均 GDP 就是大大地超过6500美元了。购买力平价是什么意思呢？就是1美元在美国能买多少东西与1元人民币在中国能买多少东西的一组价值比价。比如,在美国一碗面条需要10美元,在中国同样的一碗面条需要10元人民币,那么购买力平价计算法就是1美元等于1元人民币。有专家估算,按照购买力平价(即实际购买力)来计算,1美元大约相当于2.6元人民币,甚至有人计算是1美元仅仅相当于1.7元人民币。人民币值钱的一个重要原因是由于普通劳工的工资比较低。如果按照购买力平价来衡量,我们国家都已经到了这个"幸福—收入"拐点了。也就是收入增加了以后,很有可能人们的幸福指数不会提高,那就麻烦了。因为,我们国家目前整体的幸福指数还不高。

这样,下面我们就需要着重讲两个问题:一是"幸福—收入"悖论是如何产生的,二是如何解决这个问题。目前,人们对收入有增长、快乐无提高现象产生的原因有许多解释,归结起来主要有这样一些：

1. 财富增长的享乐适应。也就是说,随着财富增长,生活条件改善,人们很快适应了这种生活,又会感觉平淡无奇,所以财富增长,快乐却没有明显增长起来。

2. 水涨船高的财富攀比。财富的问题是,随着整个社会经济发展,你增长了,人家也增长,存在着水涨船高的现象。也就是说,你的幸福参照系是人家的财富水平。尽管你的收入增长了,但你看看与人家的财富距离好像还是与从前一样,相互攀比,快乐指数就难以提高了。

3. 相对贫困与相对收入理论。这个解释与上面这个水涨船高的财富攀比论有点接近。意思是说,人们的贫困许多是心理性贫困。因为,人们不光关注自己的收入,同时也依赖于其他人收入的增长状况。别人的收入与消费成为影响自己幸福感的一个因素。当人家的收入与消费提高得比自己还快时,尽管自己的收入与消费水平也在提高,但是相对收入可能没有提高或者反而下降了。这样,一些人的幸福指数同样会难以提高,甚至有抱怨。

4. 幸福感内生定值理论。这个理论是说,人们的幸福感是"天生"的,有些人天生快乐,乐乐呵呵过一生,有些人天生内向,郁郁闷闷过一生。现实中,的确有这种情况。调查中也发现有这个现象:10年前就快乐的人,今天依然快乐,对未来的快乐预期也仍然不变。如果是这样,即便人均国民收入再增长,对快乐增长也不会有大的帮助。

5. 显性变量与隐性(忽视)变量。这种解释是说,金钱、收入等是快乐的显性变量,是人们看得到的,容易被攀比而成为影响快乐的重要因素,而健康、亲情、友谊、人际关系等因素往往比较隐蔽,或者是容易被人们忽视的。人们更加关注那些显性的因素,而把健康、亲情等比较隐性的快乐因素忽视了,从而使得收入增长的快乐,被忽视健康、亲情、人际关系、生态环境等因素抵消了。

上述观点可能对解释人均收入达到5000美元后产生"幸福—收入"拐点有一定的作用。实际上,上述这些因素中,最根本的原因还是第5点,即人们对影响快乐的系统变量的忽视。一些人只是关注金钱、收入等的增长与攀比,而忽视了健康、亲情、生态、人际关系、就业状况、社会公正、公共福利等因素,从而造成了"经济有发展、快乐无提高"现象的形成。

所以,解决一个国家"经济有发展,快乐无提高"的问题,关键是两条:一是真正认识到快乐是人类行为的终极价值与终极目的,健康、亲情、生态环境甚至比高收入更加重要;二是在科学发展理念基础上,当人均收入达到一定阶段后,比如5000美元,一定要把所增加的收入更多地用到教育、环保、公共卫生、社会保障、道路、水坝安全等公共产品的建设与投入上来。只有增加这些对最大多数人获益项目上的投入,才能通过提高整体的幸福指数来提高GDP的快乐效应。这也就是说,到了一定收入阶段以后,国家一定要重视对国民快乐与幸福状况的系统研究。现在我们已经到了这个转折点的时候,所以政府部门就要多增加对公共产品的投入,但是在实践中我们发现,即便是在一些经济发达省份也还不是很领会这个道理。

所以,我们的结论是,金钱是快乐的基础,但并不是金钱越多就越快乐。因为影响人们快乐的要素除了收入以外,健康、婚姻、亲情、社会公平、生态环境都很重要。金钱只有为这些东西提供保障并具有正确的金钱观与合理的用途才有意义。如果增加了国民收入,却忽视与损害了健康、亲情、人际关系、生态环境这样一些东西,那就会产生只有收入增长而没有快乐增长的后果。那样的经济增长就从根本上失去了意义。

六、穷人与富人:各取各的快乐

金钱是快乐的必要条件,但不是充分条件,有钱并不一定就快乐,钱多更是不一定比钱少快乐。人与人的快乐指数的差异远没有钱的差异与官位、职位的差异那么大。而且,在目前社会上的许多"穷人"可能并不是真正没有钱的人,而是那些想越来越多钱的人。美国前几年有一个调查,问的问题是:"你的家庭每年至少需要多少收入才会够用",结果是越有钱的人回答的数目越高。所以,在物质主义价值观影响下,这些富人实际上比穷人更穷。

有这么一个故事。从前有一个富人和穷人,两户人家相邻而住。穷人每天吃吃唱唱,富人呢整天愁眉苦脸。穷人住的是茅草房,富人住的是很好的楼房。有一天,穷人到富人家里来串门。

穷人说:你那么多钱,还一天愁眉苦脸的样子,你看我这样没有钱都不愁。

富人说:你是不知道有钱的苦哇。

穷人说:有钱有什么苦的,我没钱都不苦。

这天晚上,刚好有月亮。富人拿了一个大大的银元宝,趁着月色,来到穷人家门口,穷人的门很破,富人把这个银元宝"嘟噜"一下,从破门洞里滚到穷人家里去了。这个穷人还没有睡去,房子很破,月色中看到一个银亮的东西滚了进来。起床一看,是一个大银元宝。穷人从来没有见过这么大的元宝,就很激动地琢磨这个银元宝是从哪里来的。是不是哪个天仙女看他穷,赐给他的?思来想去,一个晚上没有睡去。第二天早上起来,穷人没有了笑声,也不唱了,老想这个事情。

中午时分,富人到穷人家来串门,问:"怎么今天听不到你唱了?"穷人说:"你来,你来看。昨天晚上我家里滚进来一个银元宝,这么大。"穷人拿银元宝给富人看。富人慢慢地笑着说:"你看,你只有一个银元宝,就没有笑声了。我有那么多的银元宝,你叫我怎么笑得起来?"

这个故事里面有这么一个道理：人那么小，生命那么短暂，而钱那么多，钱多了以后，你还要把它推动起来——因为钱放在那里怕它贬值，尤其遇到通货膨胀，比如猪肉贵起来了、房价涨了。这样，你要老转在这个钱里面，就不容易转出来了。旧财主，每天盘算钱，有快乐也有痛苦，当你处理不当，痛苦大于快乐时，于是这个富人就变得没有笑声了。如果人生与经济、快乐的关系处理得不好，就会导致钱越多、烦恼就越多的不好结果。我这里再讲首诗：

> 人生七十古来少，前除年少后除老。中间光景不多时，更有炎凉与烦恼。朝里官大做不尽，世上钱多赚不了。官大钱多忧转深，落得自家白头早。不必中秋月也明，不必清明花也好。花前月下且高歌，只需满把金樽倒。请君细点眼前人，一年一起埋荒草。草里高低新旧坟，清明大半无人扫。

这首诗叫《醒世贤言》，刻在四川宜宾宋代流杯池上，诗很简单，理却说得很深刻！

现在，国外有些富人要去做穷人，有的是把钱都捐给慈善机构了。在中国，这样的时代慢慢也会到来的。像世界首富比尔·盖茨准备把98%的财富都捐给慈善事业，世界二号富翁巴菲特也开始做慈善事业了，承诺捐出巨资。在中国，在浙江省，我也听到有些富翁开始热衷于慈善事业。这说明,社会在开明和进步,人们明白了更多的人生哲理,懂得快乐的人生而非金钱才是终极价值所在。帮助别人的人比较快乐并且有一个财富的帕累托效率改进,今后大家可能会逐渐明白这个道理的。

前面我们讲到了影响快乐的六大要素——健康、亲情、收入、职业、社会、生态环境等。收入只是影响快乐的一个方面因素,由于人与人之间在先天遗传、后天环境与教育方面存在较大差异,每个人选择生活道路与对待周围世界的态度差异就很大,这些因素决定着人们挣钱的多与少,也影响着人们对财富的态度。从根本上说,挣钱的多与少不是衡量一个人生活价值的根本标志。现在社会上的一些人把这个当尺度,是无奈的,也是缺乏理性的。实际上,人只要温饱解决,尤其是能够过上丰衣足食的生活,实际的快乐差异远没有钱的差异那么大。在我们这个世界上,无论穷人、富人,都可以各有各的快乐。富人容易显摆,这是穷的社会带过来的问题。你完全不必去模仿那个东西。富人选择花钱的项目,上馆子,打高尔夫球。穷人可以在健康、亲情、宗教、散步、闲暇、友谊等方面获得许多的快乐。杭州的西湖很美丽,晚饭吃饱后走一圈,既有利于健康,又不花钱。走在白堤看西湖,悠哉游哉,其乐无穷也。农民身边没有西湖,难道还没有田野吗?所以说,穷人与富人,各走各的路,各取各的快乐。你根本不用去模仿富人的行为。

你不相信,我举个例子,就说打高尔夫球吧。那个高尔夫球球杆的样子像锄头。高尔夫球场就是个田野。走在高尔夫球场,差不多就相当于我们走在田野里。挥动球杆打球,不就相当于农民掘地那个姿势吗?高尔夫球杆挥一下,也就相当于挥一锄头吧?差不多就是那么一个道理。多年前,我在珠海看到过一个据说当时国内最大的球场,36洞的。那个里面真是漂亮,但我看那种漂亮实际上就是我们农村的田园风光。

但是,我要进一步说的是,高尔夫球场虽然是个田野,但就原生态而言,可能还不如农村的希望田野。打高尔夫球为了什么呢?为了健康、锻炼身体吧,但就那个挥球杆和我们抡锄头对于健康的效果相比,我可以断言,根本不如抡锄头有利于健康。我是农民,知道它大汗淋漓的效果。现在,我放假就回老家劳动。那个劳动的喜悦和打高尔夫球至少没有多大差异(我没有打过高尔夫球,这是我的想象)。以前有个富人多次请我打高尔夫球,他有两张卡,我一次都没有去过。但锄头我却一直没有放弃过。

进一步说,打高尔夫还有远不如锄头的地方。我听说,一些人打高尔夫球还赢钱,还是为了联络生意。农民锄地就没有这个心理负担,而且收获的是自己的劳动果实与实在的健康。

有些富人为了炫耀自己,炫耀自己这样很开心。我看，不见得，他们往往还是带着生意经去的。那就更加不一定比那个掘锄头来得轻松自如了。而且，那个高尔夫球的票还来得贵。我在杭州一个总裁班上讲课，有个总裁有上亿的资产，可他对我说，他对什么事情都没有兴趣，那是件很糟糕的事情。这位总裁真是穷得只剩下钱了，他哪里有躺在路边晒太阳的穷人的快乐指数高啊！挣钱挣到这个份上，那真是悲哀了。

所以，富人与穷人可以各取各的快乐。因为快乐才是终极目的，钱多钱少，并不是一个最终的衡量尺度。你只要记得快乐是做人的终极目标，要注意到健康、亲情、学习、闲暇、人际关系等的综合协调，再加上我们有一份正常的工作和合法收入，你就能获得比较多的快乐满足。那么，富人怎么办呢？富人要是愿意给穷人提供一些帮助，则富人也会有比较多的快乐提高。因为，利他是有利于人的身心健康与快乐的，并且有利于整个社会幸福水平的提高。

> 金钱是快乐的物质基础，但并不是钱越多越快乐。富人与穷人可以各取各的快乐，但富人通过帮助穷人则可以促进整个社会幸福指数的提高。

《陈惠雄解读快乐学》

第七讲

关于动物快乐

> 最大多数人的最大幸福——让社会建立在这一原则的磐石上,让这一原则来判断和决定每一政治问题。
>
> ——托恩:《爱尔兰自由之友宣言》

动物快乐是一个与人类的生存、发展休戚相关的话题。现在,动物快乐问题的研究还不够深入,在国内还没有引起足够的重视。它实际上是一个涉及生态伦理学和新近提出来的生物经济学这样深刻的问题。从生物链角度讲,狼吃羊、羊吃草有它的必然性。但问题是有些动物是有苦乐感的。人为了自己的快乐吃动物,必然会造成动物的痛苦,这是一个现实矛盾。如果光吃蔬菜,中国人也有句话叫:"万物皆有灵。"但是,如果什么都不吃,人自己又不能活下去,又要给自己造成痛苦。

人吃动物要给动物造成痛苦,什么都不吃又要给自己造成痛苦。所以,动物快乐是一个重要的伦理学问题,它涉及人类自身存在和其他动物的生存权如何协调的问题,以及我们人类统治生物世界的合理方式。动物快乐问题确实很重要,联系到我们对待周围世界的态度,并最终关系到人类自身的繁衍与发展。

假如人类不顾其他动物、其他生物的生存权,在发展经济的过程中造成大量的物种灭绝,那么最后一个灭绝的物种,可能就是人类自己。现在,物种灭绝的速度非常快,每个小时都有2—3个物种灭绝。现在,有四分之一的哺乳动物处于濒危状态。大量的物种灭绝,导致生物多样性急剧减少。2007年夏天湖南洞庭湖20亿只田鼠成灾,很大原因就是蛇、猫头鹰等田鼠的天敌被我们人类吃掉了而造成的。以前是天上的飞鸟多,秋天成群的大雁往南飞,还有令人向往的蓝天白云,心旷神怡,很是开心。现在是蝙蝠飞得多,鸟少了许多。生态环境的改变,加上我们大量猎取野生动物,造成了动物的生存痛苦,动植物就会加速灭绝。而世界是一个联系的整体,大量物种灭绝,人类又如何能够自得其乐,幸免于难呢?

那么,怎么办呢?一是要切实保护好生态环境,包括降低二氧化碳排放等,二是要大力提高动物伦理与动物福利意识,三是可以试试动物分类的可能性。第一个问题我们已经讲得比较多了,这里主要谈谈后面两个问题。

一、动物苦乐感分类:一种探索性的思路

为了减少动物被吃的痛苦,目前国际上一些快乐学家、动物学家开始根据动物苦乐感对动物进行分类。根据著名福利经济学家黄有光教授等人的研究,我尝试着把动物分成四种类型。这种根据苦乐感的动物分类,为

提高我们的动物福利意识,提供了一些尝试性的帮助(需要说明的是这些还是目前的一些探索性的努力,不一定正确,主要是提供一种假说性的思路)。

第一种是无意识型动物。这种动物的行为是按编程进行反应的,蛙类(青蛙、牛蛙、石蛙等)大致就是这一类动物。根据有关研究,青蛙(你要吃它,当然也可以养殖)就是根据物体飞起来的情形,扑上去捕食,即对这个飞动的物体做出反应的。青蛙的行动大概是受脊椎上的编程程序控制的,它看见飞起来的虫子会扑上去,看见其他东西在空中舞动,也会扑上去的。根据这个现象,从前农村一些钓青蛙的人,弄个小青蛙用绳子吊起来,小青蛙的腿在动,大青蛙往往就会扑上去,大青蛙就被钓起来了。根据这个经验,一些学者判断,蛙类可能是无意识型动物,它的行为受遗传密码的程序控制,就像电脑受编程控制一样。根据有关专家研究推测,这类动物应该没有苦乐感,可以吃。所以蛙类如牛蛙、石蛙等可以吃,你吃它,它不痛苦。就像机器人、电脑,它可以有作为,但没有意识与苦乐感。

第二种动物是有意识但无苦乐感的动物。大量的鱼类可能就是这种动物,你去抓它,它会逃离。但是,根据有关观察,鱼可能是属于那个没有痛苦神经的动物。你拿刀去杀它,它也知道,有意识,但没有痛苦感。这就相当于我们牙齿里面的那根痛苦神经被烂掉了,医生再拿个电钻去钻它、磨它,就不会感觉到痛了。所以,鱼类可能就是有知觉、有意识但无苦乐感的动物。你吃它,它没有痛苦,那么鱼类大致可以吃。如果这个研究假说成立,那么吃鱼既有利于身体健康,又存在较少的生物伦理风险,是目前值得推广的一种动物食品。

第三种动物是既有意识又有苦乐感的动物。它能够感知生命的痛苦和快乐,害怕死亡。人类要吃这种动物,那么对它的吃法就应该大有讲究。典型的如猪、牛、羊、果子狸、鳗鱼等。香港那边一些卖鱼者为了招徕生意,把这个鳗鱼一刀斩成两段,鳗鱼因极度痛苦而活蹦乱跳,用自己的嘴巴咬牢自己的身子,大概是为了缓解痛苦,一位研究快乐问题的经济学家见此情形后从此就不吃鳗鱼了,因为他看到鳗鱼太痛苦了,并写了一篇《惨无人道的卖鱼方法》的文章提出了如何提高动物福利、减少动物痛苦的问题。

那么果子狸呢,果子狸也是有苦乐感的动物。以前广东等地一些餐馆把果子狸关在笼子里,拉一个杀一个,其他果子狸在笼子里恐惧得瑟瑟发抖。据说动物在极度恐惧中会产生毒素,并且会使信息相互传递,以报复人类。果子狸与 SARS 之间的关系,不知是否与此有关。但人类缺乏动物伦理的明显行为在今天可能是值得大大反思的。

还有农村里的牛,牛是有苦乐感的动物。以往农村里,到了秋天,有的老牛过不了冬天了,秋天的田耕完以后,往往要把这样的老牛杀掉。在一个村庄上,一般都有一个固定宰牛的地方。那时听老人说,牛被牵到那个宰杀的地方去以后，有些牛会掉眼泪的，有的牛甚至会跪下来。因为有那个牛的气味，它大概意识到我要死了，并且就在这个地方。牛为我们人类耕了一辈子田，老了耕不动了，人就把它杀掉吃肉了。所以，对于像牛这样的有苦乐感的动物，一定要吃它的话，最好能够在一个它不知道的环境中，让它瞬间失去知觉，再去杀它，这是一个重要的生物伦理理念。

我们是一个以猪肉消费为主的国家，动物快乐中猪的快乐问题可能是我们最重要的一件事情，对杀猪应该是大有讲究的。农村里杀猪是这样的，四五个壮劳力去抓这个猪，你抱头，他抱腿，猪哇哇大叫。那些小伙子把这个猪抱起来揿倒在大长条凳子上。然后，猪在极度恐惧与死亡意识中嚎叫，杀猪人一刀把猪宰杀了。猪是有苦乐感的动物，它自己知道要被你们活活地杀死，恐惧与惨痛是可以想象的。我老家对面就住着一个杀猪的邻居。他说，有的时候要杀几头猪，有时当你把一头猪抓来杀的时候，其他的猪会跑过来相帮，过来咬人的。这大概就是同类相帮的垂死挣扎的一种无奈之举了。

其实，杀猪、牛、羊这些大型的有苦乐感的动物是很有讲究的。欧盟在1974年就制定了宰杀动物的法规，要求在宰杀活猪、活羊和活牛之前，先用电棒将其击晕，让动物在无知觉的情况下走向生命的终点。这是一个重要的动物伦理与动物福利观念。近年来，我们国家猪肉制品出口经常受到这个限制,我们还称之为"动物福利壁垒"。这可能就是由于我们与人家的动物福利理念差异以及立法差异引起的。

近年来,我国在杀猪问题上已经有了大的改进。国家要求生猪集中屠宰。一些大的食品公司杀猪之前先把猪用一个类似商场一样的扶手电梯拉上去。每一格刚好可以站一头猪。猪坐电梯是生平第一次,不知道去干什么。下面的猪也看不到上面的猪发生什么样的事情。猪上到了电梯的顶部平台的时候停一下,在这停留的瞬间(一秒钟吧),有一个自动的高压电夹子,往猪身上夹一下,猪瞬间就失去知觉翻倒了。电梯再往前移动翻落一步,站着一个人在这里给猪捅血,猪就在无知觉、无痛苦感中杀完了。猪在瞬间失去知觉,然后宰杀,比活杀在动物伦理上要进步了许多。所以,我们为什么要求对猪进行集中屠宰呢?一方面是为了防止猪瘟,当然这也是个原因,但重要的是为了让猪被屠宰的时候,让它尽量地减少痛苦。一些欧洲国家根据他们的立法对进口我们的猪肉食品都有这样的要求。用坐电梯的方法加上电击,可以把猪的死亡痛苦大大降低。

实际上,猪不光有个如何杀的问题,还有个如何养的问题。我有一次在一个 EMBA 班面试学员时,和一位搞饲料进出口贸易的经理谈猪肉安全问题。我说,以前我们在农村养猪的时候,没有听说过要用这么多药的。这位经理和我分析原因说,因为以前一个猪圈十个平方只养一到两头猪,现在十个平方要养十来头猪。以前的猪圈是连着地气的,上面垫着草,猪躺在草上很舒服,里面的空间又比较大,可以自由走动。所以,猪就不容易得病。现在不是这样了,猪躺在水泥地上,猪又多,地气被隔断,就容易烦躁。猪一烦躁就容易得病,得病怎么办呢?就得给它打抗生素。烦躁怎么办呢?一些养殖户就给猪吃安眠药。所以有人说,等到我们人打抗生素、吃安眠药的时候,猪早给我们吃好了。当然,问题我想不至于如此严重,但这个问题确实很值得我们重视。

实际上,这就是我们没有很好地注重动物福利,太注重生产利润造成的问题。安眠药、抗生素,还有一些催长的含激素的添加剂。你看,猪吃了那么多东西,再给我们人来吃,它总有些残留在猪的体内的,从而最终是对人类造成损害。所以,一定要有动物伦理和动物快乐的观念,动物在被养的过程中很痛苦,我们人类本身的安全与快乐也会受到影响。因为,世界是一个联系的整体,猪的健康快乐与人类的健康快乐实际上是息息相关的。

第四种动物是不仅有意识、有苦乐感,而且往往还有灵性。这种动物如狗、猴子。这种动物可能是真正的以不吃为好。猴子是人类的间接祖先吧,狗是通人性的。以前广东有一道菜叫活吃猴脑,真是残忍。那一只只猴子关在笼子里哇哇叫,厨师把猴子的头弄到一种特制的桌子上来。猴子的脚在下面挣扎,人把这个猴脑锯开,这是很没有动物伦理的。人类为了自己的快乐,却让猴子承受这么剧烈的痛苦,这样的行为真是值得反思呵!我想,可以把它定个"反猴类罪"。

欧洲人大多是不吃狗肉的,我们中国人大多是吃狗肉的。欧洲人不吃狗肉,被认为主要是与狗作为宠物通人性、与主人无比亲近有关。在台湾,有这么一个真实的事件。有一位妇女早产了。这个妇女坐在马桶上的时候,婴儿被生在马桶里了。生下孩子后,这个产妇晕过去了,失去了知觉。家里没有人,产妇晕倒后,母子生命垂危。她们家养了一条狗,这条狗还比较大。狗看到了这个情形后,先把婴儿从马桶里咬出来,轻轻放在地上,就像母狗咬小狗一样。然后,这个狗跑出屋去,"汪、汪、汪"地大叫。由于叫得奇怪,邻居们想这个狗怎么回事,就跑到他们家去看了。一看母婴两个都躺在地上,然后邻居赶紧把娘俩送医院,母子两个都得救了。假如没有这条狗,这母子俩的生命可能就危险了。

狗是有灵性、通人性的,既有苦乐感,又有灵性,所以吃这种动物的伦理理由就更加需要想清楚。能不吃,尽量不吃。人们可能会说,你这样不是不快乐了?不是的。正是为了达到人类长期的快乐积分最大化,这个快乐最大化应当是包括人与自然、人与其他动物、当代人与后代人的快乐最大化,而不仅仅是人,不仅仅是当代人,更加不仅仅是少数当代人。这个快乐也不仅仅是物质上的享受,同时还要求在心灵、伦理上没有痛苦的折磨。这个快乐也不仅仅是满足人类自己,而且在满足人类自身需要的过程中,要使其他有苦乐感的动物的痛苦降到尽可能低的程度。所以,我们讲快乐满足绝不是无所节制的,而应当是有选择的。

所以,当你学了快乐理论以后,你就会领悟许多的人生道理。我主张多吃蛋和奶,少吃鸡和牛。吃蛋和奶不妨碍动物的生命,营养又不减少。1999年12月,澳大利亚著名快乐经济学家黄有光教授在北大讲学,请我吃饭。当他点了一条鱼后,我们探讨了如下的话题:

我:我们吃动物可能会引起动物的痛苦,应当如何解释呢?

黄:比如,由于我们吃鸡才给了鸡出生的机会。如果我们不吃鸡,鸡就没有出生的机会了。

我:这是一种勉强的解释。

黄:但是鸡在被养的过程中,必须给它一个快乐的环境,比如让它自由跑动,有一个干净的、足够大的场地等等。

大家想想看,做个快乐学研究者真是蛮难的。连吃鸡都要想个明白。想明白,对人类、对动物的长期和谐发展都有好处啊。

但是，我们现在养鸡、养猪的情况不是这样了。人类为了自己的经济利益，把鸡笼一笼笼叠起来养，大家没有去过养鸡场的话，可以从电视画面上看得到。鸡的天性是要跑、要挖、要抓的，要吃草与虫子。你这样把它叠起来养，关在一个很拥挤的饲养场鸡笼里（好比鸡坐牢），极大地妨碍了鸡需要自由跑动的本性。这样，鸡就容易得病，而且得病后传染还快。禽流感传播就与这种养鸡方法有一定联系。你长期违背鸡的天性，把它像坐牢一样叠挤在一起，这种方法开始是向国外学的。后来发现了违背动物伦理的问题，现在，一些国家的养鸡场开始放养了，开始让鸡自由跑动了。

根据快乐学原理，你要饲养动物给人类带来快乐的同时，首先你必须给动物以快乐。如鸡在被养的过程中让它们快乐一点。比如，够大的、卫生的场地，鸡才能够给我们带来快乐。吃的鸡用的药少，吃了才真正放心。为什么人们喜欢吃"本鸡"，本鸡就是农家鸡，生活环境健康，所以味道好，价格高，人们愿意买了。

其实，鸡也有个如何杀的问题。英国动物保护组织就盯上了麦当劳的杀鸡的人道问题，他们要求有"鸡道主义"。一定要用妥当的办法把鸡击晕（如电击）后再杀，以减少鸡的死亡痛苦。有个欧洲客商在宁波菜市场里买菜，他想买一只鸡。这位客商走到卖鸡的菜摊跟前，问卖鸡人："你这个鸡是怎么杀的？"卖鸡人说："这个鸡嘛，我们从鸡笼里面抓来,一刀。"这个外商听罢掉头就走掉了。这位外商大概有个动物福利的概念,或者是关于杀鸡的伦理准则。

在一些国家的动物福利法中明确规定,在宠物给人提供快乐的同时,主人必须保证宠物本身的快乐。主人虐待宠物,要受罚甚至坐牢,这就是一种很重要的动物伦理观念。2005年,英国因虐待宠物被判有罪的人数就增加了20%。可见,我们的宠物伦理观念还有待大大提高。

二、转基因食品的喜与忧

转基因食品的安全与伦理问题是近年来热门的一个话题。人们担心转基因食品的伦理风险的理由是,比如有些植物植入了人奶,它能够使这种植物对人的营养更好。但一些人提出来了,吃这样的转基因食物存在着吃人本身的东西的一些伦理问题。因为,人奶是人的细胞成分。

再比如,现在有的生物基因专家已经能够把牛羊的基因种植到西红柿等植物上,这样的植物有牛羊肉的营养与味道,营养也更好,又可以因此减少杀生,我认为这是个好事情,因为它与人奶基因植物的伦理问题还不一样。我大致认为这是件好事。但佛教组织提出来了,你这个植物包含了动物基因,佛教徒们就拒绝吃这一类食物,并提出抗议。我想,解决这个问题,可以提供给佛教徒们以没有动物基因的转基因食品,其余人则可以不受这个限制。

从快乐学角度出发,我倒是担心长期吃转基因食品,可能会导致我们自身的基因改变。因为,我们整个地球上的生物可以视为是一个稳定下来的基因系统,它是环环相扣的。转基因食品吃多了以后,我是担心最后人类自身的基因改变,没有苦乐感了,这样就会逐渐失去对许多东西的兴趣,这是最可怕的,也是最难以预料的风险之一。

前段时间有个关于广州某医院治疗吸毒成瘾病人新方法的报道,他们采取颅脑手术。这个手术的原理是在人脑中开个小孔,把人脑中产生毒瘾的兴奋点掐灭。这个手术引起了很大的伦理争论。不是说技术上不行,技术上的风险可能并不大,现在的激光技术也比较先进。最担心的是当你把这个对毒品的兴奋点掐灭之后,连同其他的兴奋点也一起受损,弄得人对其他的事物也没有了快乐感了,这甚至是比有毒瘾还要糟糕的事情。当人对什么都不感兴趣的时候,还不如让他保留对一些事物的兴趣与快乐。因为,目前的技术还难以把不同的兴趣点有效地区分开来。这和目前化疗把好坏细胞一起杀死是近似的道理。

三、动物福利法

讲到动物快乐,我们需要讲一讲动物福利法。动物福利法,大家初听这个名词挺新鲜。一些人可能会说,人的福利问题还没有解决好,倒要先解决动物福利问题了,似乎有些难以接受。其实,现在世界上已经有一百多个国家制定了《动物福利法》,我们国家目前还在讨论中。讨论的一个原因也是与我们的动物食品出口及其观念有关的。比如上面讲的如何杀猪、为什么要求集中屠宰与电击屠宰就是一个例子。

世界上关于动物福利问题的讨论很早就开始了。英国在1822年就通过了旨在维护动物权利的《马丁法令》。当时欧洲一些学者就提出,动物和人一样有情感,有痛苦,只是它们无法用人类的语言表达见解。这可以说是动物福利思想的起源。1911年,英国通过了《动物保护法》。现在世界上动物福利法已经很普遍了。所谓动物福利,可以简单的理解为:维持动物生理、心理健康与正常生长所需要的一切条件。不是说我们不能利用动物,而是讲应该怎样合理、人道地利用动物。要尽量保证这些为人类做出贡献和牺牲的动物享有最基本的权利。比如,在饲养时给它们一定的生存空间,在宰杀时尽量减轻它们的痛苦,在做实验时减少它们无谓的牺牲。也就是说,人们要尽可能地让动物在康乐的状态下生存,其标准包括动物无任何疾病、无行为异常、无心理紧张、压抑和痛苦等。

如今,动物福利组织已经在世界范围内蓬勃发展起来，但我国对动物福利的提法责难很多。比如认为农场动物终究要成为人类的腹中餐，赋予它权利有何意义？或者人的福利尚不能保障，何况动物？等等。

其实，世界是一个联系的整体，动物福利和人的福利是紧密相连的。对动物福利的重视，确保家畜享有动物福利，等于给家畜提供良好的生长条件，也就同时增加了家畜的生产和养殖场的利润。如果动物的生存状况恶劣，不仅不利于家畜健康，也必然会伤害到人。动物福利说大一点，这关系到社会文明水准；说实际一点，这关系到我国经济社会的和谐发展。因此，我们应当及时更新观念，这不是赶时髦，而是我们落实科学发展观的需要，建设和谐社会与和谐世界的需要。因为，给人、给动物以可以避免却不愿去避免的痛苦，是一种不道德行为。而不道德的行为无法永恒，不道德的产品无法永恒！

大家可以看，英国农业动物福利协会（FAWC）曾提出了动物应享有的五大自由：

享有不受饥渴的自由；

享有生活舒适的自由；

享有不受痛苦伤害和疾病的自由；

享有生活无恐惧和悲伤感的自由；

享有表达天性的自由。

值得一提的是，1975年由彼得·辛格出版的《动物解放》一书，将动物拥有权利的概念广植人心，掀起了动物福利运动的新高潮。《动物解放》新中译本已经由青岛出版社出版,该书揭露了现代工业化养殖场的残酷现实,及其对环境恶化的影响,并且提出人道的解决方法,很值得我们参考。WTO的规则中也写入了动物福利条款。

动物福利法体现了一种新型的法制伦理,即不仅要把人际关系作为立法的范畴,还要把人与自然的关系作为立法的范畴。动物福利法要求人们取之有道,满足动物在生命的各个阶段的基本需求,防止虐待。1997年,瑞典在原有动物保护法律的基础上,还制定了强制执行的《牲畜权利法》。1999年,英国禁止将妊娠母猪单个限定在保护栏内,后来还专门颁发了《猪福利法规》,对养殖户饲养猪的猪圈环境、喂养方式作了细致的规定。在2004年2月,英国依据欧盟的相关动物福利条例,还增加了给猪玩具的条文,以避免猪觉得生活枯燥,并规定对不遵守该法规的养殖户将处以2500英镑的罚款。欧洲正在逐步淘汰和废除用铁丝笼子饲养蛋鸡的方法。到2012年,欧洲要求所有的蛋鸡场每只鸡拥有的面积至少为750平方厘米。在亚洲,新加坡、马来西亚、泰国、日本等国和我国香港、台湾地区都在上世纪完成了动物福利立法。所有的这些动物福利法规,归根结底是要给动物被养的整个过程一个快乐的环境,以便让它们在贡献给人类的同时也获得应有的快乐和幸福,这是我们人类应当尽力做到、认真做好的。

动物快乐是一个关系人类自身快乐的重大应用伦理问题。目前我们还无法解决以牺牲动物生命来解决人类自身营养的问题。有朝一日，如果技术完全达到这样的水准，以至于我们通过一些全新的生物技术，比如把牛肉的基因嫁接到西红柿上去，西红柿可以完全达到牛肉一样的味道和营养，人类可能才能够更好地协调好人类快乐与动物快乐之间的关系，使人类和其他动物真正和谐相处。当然，这些问题现在讲可能还有点遥远。所以，我现在只能提醒大家多吃蛋和奶，少吃鸡和牛，养鸡要让鸡自由跑动，杀猪要有讲究。这样对我们的身心健康快乐、对动物的健康快乐都有好处。人与动物共享快乐，快乐猪生，快乐鸡生，快乐牛生，我们的世界才会变得更和谐，生活得更加快乐。

> 人与动物共享快乐：快乐人生，快乐猪生，快乐鸡生，快乐牛生……我们的世界将变成一个快乐世界，人类的生活才能更快乐！

《陈惠雄解读快乐学》

第八讲 宗教与快乐

> 痛苦超过快乐是造成虚伪道德和宗教的主要原因。
>
> ——尼采:《反基督》

有宗教信仰的人比较快乐,这是国际上研究快乐的学者普遍证明过的。生与死是一对矛盾。人的不幸,在于知道自己不幸——死亡意识的明确;而人与其他具有死亡意识的动物的不同之处是:人能够超越这种不幸而获得幸福,宗教就是使人类超越生与死的痛苦界限、完成趋乐避苦的心理历练的重要途径。

中央在十六届六中全会提出:要充分发挥宗教在促进社会和谐方面的积极作用。现在,我们需要来认识一下宗教与快乐的关系及其理论根源。

2006年9月,杭州有一位信教的朋友见了我关于快乐的相关成果后,给我寄来了一封信,大概是基督教会的吧。他给我寄来了一些基督教的相关材料,并告诉我,基督教对于生死轮回缓解的好处。其实,所有宗教的理论根源,都是对于生死轮回的缓解。由于死亡是人生的最大痛苦,所以,当有人罪大恶极时,就用结束生命的刑罚来处罚。

实际上,所有的宗教都是关于来生的学说,使人们建立起不死信仰,避免或减少死亡恐惧,这就是宗教有利于快乐的根本道理。由于宗教的这种作用,它能够给人以一种心灵上的安顿与超越的感觉。

宗教的门派非常多,不同的宗教对于死亡缓解的学理体系也各不相同。道教可以成仙,八仙过海就是道教故事,济公也是道教故事中的人物。《西游记》中的妖魔总是想吃唐僧肉,就是为了能够长生不老喽!佛教理论则用灵魂投胎转世、或者涅槃成佛来解决永生问题。基督教相信上帝的存在,死后灵魂可以升天。

不管道教、佛教还是基督教,所有的宗教都是让你建立起一个不死信仰,让你的生命在生与死之间能够渡得过去。究竟有没有灵魂升天,有没有上帝,是不是可以投胎转世,那是另一回事情。可能有,可能没有。因为,目前的科学既不能证明它有,也不能证明它没有,我们这个空间是否包含了另外一个空间,还不知道。能不能证明它的有无,没有关系,也并不重要,并不妨碍你对有关宗教的信仰。一个国家的宗教不能打得太彻底,宗教打得太彻底,邪教就容易来侵占我们的意识空间。我们国家在"文化大革命"期间对于宗教有一些处理不当的地方。所以,最近中央提出来宗教有利于构建和谐社会,这是一个重要的认识转变。

为什么宗教有利于快乐呢?我们且先来看看欧洲千年伟人卡尔·马克思说的话:"宗教是精神鸦片,同时也是幻想的太阳。"我想,无论是精神鸦片还是幻想的太阳,都是有利于快乐的。精神鸦片是激励长生理念的快乐,幻想的太阳是可以寄托来生、排遣死亡痛苦的快乐。即便是幻想的太阳,只要幻想得阳光明媚,就充满快乐。万物生长靠太阳嘛。

其实,如果透过宗教的外包装形式,我们可以知道,宗教的本质是给人在精神上的一种"终极关怀",这是宗教学上的一个公认的基本定义。所谓"终极关怀"就是人在面对死亡时所需要的精神上的抚慰。通常,人的精神上的终极关怀要靠信仰去解决,至少迄今为止是这样的。信仰有很多种,宗教信仰是其中的一种。从社会学角度看,宗教信仰可以满足人的终极关怀的精神需求,并且是比较简单和有效的方式。所以,宗教实际上是在精神上延长了人生,这样就消除了或者至少减轻了人对死亡的恐惧。所以,宗教有利于快乐。

当然,你也可以不通过宗教信仰解决自己精神上的终极关怀问题。因为,宗教信仰并不是唯一的。所以,宗教信仰自由嘛。

当然,不同的宗教对于解释人生与生命长生不老的理路不尽相同。在道教和佛教之间,佛教似乎要高明一些。道教重今生,佛教重来世。道教追求的是现实人生的长生不老,就是活的生命成仙永生。道教以人生无限延长来解决人生的意义问题。有人认为,中国道教解决这个问题最为明快。但这么复杂的长生不老问题,用太过简单的方法,可能问题也最大。道教是今生不能成仙,就成不了仙了,看得见的,成仙的人毕竟很少呀!传说中就一个济公,还有八仙等人。

佛教重来世,有投胎、成佛等区分。毕竟,有没有投胎这回事,我们无法考证。但对于佛教信奉者而言,相信有比相信没有要好。相信投胎转世,对于人类死亡恐惧有个极大的缓解作用。在佛教里面,又有小乘佛教和大乘佛教之分。小乘佛教强调修身自保,就是你自己的行为要规范,不要去损害别人。小乘佛教重视的是每个人个体的修行,个人的宁静和精神生活的充实。大乘佛教不仅要求你自身的行为善良,不能损害人家,同样是要追求自身的安详与完善。还要去帮助别人,把这种个人的安详与完善置于利他、奉献精神的实践中来完成,即"普渡众生",可见境界似乎更加高一些。唐僧取经,取的就是这个大乘佛教。

我国唐代有两位著名诗人,李白和杜甫。李白是信奉道教的,杜甫是信奉佛教的。杜甫在晚年死的时候,在精神上似乎就没有那么痛苦,李白却很痛苦。杜甫信佛教,相信人生转佛或灵魂投胎转世之说,生死渡得相对比较容易,所以面对死亡时候的痛苦少一些。而李白是道教,相信神仙的。他从年轻时就遍访名山,与道士交朋友。李白61岁那年,来到了安徽当涂县。由于平时喝酒太多,加上炼长生不老丹、吃丹太多,身体中毒,已经是很不行了。

那个长生不老丹实际上就是温度计里面用的水银、汞、铅等材料,是有毒的。为了长生不老,李白一生中多次炼丹、吃丹,以求长生不老。秦始皇、汉武帝都是吃了那个长生不老丹死掉的。因为,它经过火烧以后,产生化学反应,有一转之丹,二转之丹,直到九转之丹。九转之丹实际上就是在炼丹炉中进行了九次化学反应。那个东西吃下去以后残留在肠子里面,很难排泻出去,引起中毒而亡。秦始皇和汉武帝都是信奉道教的。秦始皇先是派人找仙草,后来是炼长生不老丹,吃得多了,所以那么早就死掉了。汉武帝也是这样,也是吃了长生不老丹死掉的。

大家看过《西游记》,里面孙悟空变了个妖怪,拿出了两颗丹,一红一黑,一颗说炼了七七四十九天,一颗是炼了九九八十一天,说那颗九九八十一天的威力更大一点,能够长生不老。这就是道教。所以,信奉道教的这一类人都希望能够成为神仙,长生不老。李白也是这样,李白55岁以后就出现明显的早衰迹象,晚年在病中曾经炼过一次丹,炼了20天以后,由于他吃不消这个金鼎冶炼之苦,身体不行了,渐渐地彻底地断绝了长生不老、成为神仙的梦想。这个时候对于李白来说打击是非常巨大的,李白62岁死的那年春天写了一首诗,叫《下途归石门旧居》,就在安徽当涂的横望山,因为李白的叔叔李阳冰那时刚好在那里做县令。这首诗既表白了李白对于尘世的诀别,也包含着对自己长生不老意念的诀别和对这个世界的诀别。这首诗写得很好,也很凄婉。诗的开头是这样写的:"吴山高,越水清,握手无言伤别情。将欲辞君挂帆去,离魂不散烟郊树。……余尝学道穷冥筌,梦中往往游仙山。……"最后是:"挹君去,长相思,云游雨散从此辞。欲知怅别心易苦,向暮春风杨柳丝。"

诗的最后一句最为苦闷、绝望抑或惊醒。反映的是李白对自己不能够长生的痛苦以及对这个世界的诀别与终结。从李白追求长生不老的角度讲,"向暮"代表着自己的生命像西垂的落日,而春风杨柳则代表着那个依然新生的世界。李白这首诗对于生离死别的感觉与诀别是刻骨铭心的。写完这首诗的当年冬天,李白就告别了人世。

我想,这种对长生的寄托,可以产生在所有人的情感当中。所以,宗教尤其是说理好的宗教,是有利于缓解死亡的痛苦、有利于人们的快乐的。在我们国家,主要的宗教就是佛教。佛教的轮回、灵魂投胎、成佛等理念,基督教的灵魂升天与"上帝"理念,对于死亡痛苦都有缓解作用,你不必追究其真的有,还是没有。所以,家里如果有老人在相信宗教,就不要干扰他们,因为宗教是有利于快乐的,并且我们还要充分发挥宗教在促进社会和谐建设方面的积极作用呢。

　　这样,宗教就成为影响人们快乐的一个重要因素。宗教不能打得太彻底。世界对于人的意识而言,存在着永远不可觉解的一面,人类永远不可能穷尽对世界与人自身的认识,这个不可觉解的意识空洞,需要一个东西去填补,宗教就是其中之一。所有的宗教都是关于来生的学说,让人们建立起不死信仰,所以宗教是有利于快乐的。

　　宗教的第二大作用就是劝慰人心,劝人向善。不同的宗教解决这个问题的方法也各不相同。基督教认为人的一生是赎罪的一生,通过赎罪与悔过,获得上帝的认可,就可以灵魂得救,上升到天堂,在天堂上得到永生。所以基督教把人生的意义延伸到天堂。悔过就是要做好事,谦让与帮助别人。所以,基督教把幸福诠释为有一颗感恩的心,一个健康的身体,一份称心的工作,一位深爱你的爱人,一帮信赖的朋友。波斯有一位叫 Zoroaster 的宗教学者说过一句话:"对别人好不是一种责任,它是一种享受,因为它可以增进你的健康和快乐。"

　　佛教则认为人生是苦海,而且世代轮回在这个苦海中,只有实现涅槃,成佛以后,才能永远不受苦。那么,怎样脱离这个苦海,或者至少是能够来世投胎做个富贵人家的子孙而不至于变牛变马呢?那你就要多做好事、善事,多为人民服务,多多地学雷锋。佛教把人生的意义延伸到成佛，但成佛的路径却是要求人们实行利他主义。而利他的人比较快乐，这是快乐学证明过的。利他的人多了以后，每人利他一小步，社会利他一大步，有利于构建和谐社会，有利于整个社会的快乐幸福生活。拿佛教的观点，那大概就是普度众生了。

> 宗教是关于来生的学说，让人们建立起不死信仰。宗教鼓励人们行善，做好事，所以宗教有利于快乐，有利于构建和谐社会，有利于人们的幸福生活。

《陈惠雄解读快乐学》

第九讲

快乐学的人生启示

> 不同的社会时期,快乐所达到的程度在人类发展的无限长河中构成了无数的质点运动。由此组成的无限螺升曲线是无穷维的,最终目的也永远不会有"最终"实现,人类永远要为自己开辟道路。这就是做人的快乐和艰难。
>
> ——陈惠雄:《快乐论》

《论语》说:君子务本,本立而道生。那么,君子之本是什么呢?是快乐也,是最大多数人的可持续的快乐也。所以,这就要求人们讲求仁义与善良,这样的人生前景就远大了。我们今天讲以人为本,那么人以什么为本呢?人以快乐为本。最后,我们就来谈谈快乐学的人生启示。

快乐不仅是个实践问题,还是一门重要的学问。哲学、社会学、心理学、经济学、管理学、生命科学等均可以把快乐、幸福问题研究得很深入。从快乐学的理论与实践中,我们可以得到许多重要的人生启示。这里选择一部分与大家共同探讨与欣赏。

一、倒吃甘蔗节节甜

从快乐学角度说,倒吃甘蔗节节甜是一个重要的人生道理。由于趋乐避苦原则几乎支配着人生的一切行为和过程（包括上面说的宗教也是一个趋乐避苦的问题）。认识到趋乐避苦原理后，我们就可以运用这个原则来为提高人们一生的幸福指数与快乐积分服务。

根据趋乐避苦原理，我们对小孩可以引用逆推动法则。什么叫逆推动法则呢？就是说让小孩子吃点苦。为什么要让小孩子吃点苦呢？有两个理由：一是人在"苦"的环境下会产生积极的行为激励，以有利于生存环境的改变，有利于奋发向上的生活态度的形成。二是小时候吃点苦（以不伤害身心为限），有一个经历与参照，会使人对后来的成功感受到更多的快乐。以吃苦包括艰苦奋斗的人生经历来增进未来个人或他人的快乐，有利于人生的成长，对于人的一生可能会更加有好处。

所以，我建议做父母亲的不要给小孩子准备太好的物质条件。人生的苦乐好比一枝甘蔗，甘蔗正确的吃法应当是从苦的一头开始吃，吃到涩的，吃到淡的，逐渐吃到甜的，这样一生的快乐积分可能为最大。一些父母往往不懂得这个道理。尤其是一些富家子弟，好比是长辈们给他们吃了一节最甜的甘蔗，以后即便吃同样甜的甘蔗，经济学上有一个原理，叫边际效用递减，他（她）会吃不出味道来的。这样就容易造成孩子长大后在生活上、婚姻上、职业上很挑剔，适应性会比较弱。这就是富家子弟的成长可能更加不利的原因。中国人常说："由俭入奢易,由奢入俭难。"假如小孩子后来的成长道路上遇到苦难了,缺乏艰苦经历的人可能就会难以支持。经济学上叫做"高峰体验"会阻止人们消费的下降,但钱从何而来呢?而有过吃苦经历的人,则比较容易应对这类事情。

一些父母亲往往对这个事情想不通。他们想,我为子女准备了这么好的物质条件,够他几辈子都吃用不完,他还不幸福?不快乐?你可能是真的想错了。你的某些做法可能是既害了自己,也害了小孩子。为什么呢?一是经历快乐"高峰体验"的生活可能会减少一个人后来人生对快乐的敏感性与痛苦的承受力;二是优越的物质条件可能会降低创业与艰苦奋斗的积极生活态度;三是大家可记得唐代大诗人刘禹锡的两句诗:"旧时王谢堂前燕,飞入寻常百姓家。"我们的世界在变化之中,富于创造与努力适应环境的人,才能够获得未来的真正幸福生活。

在我国一些地方,婴儿出生时,长辈要用一块甘草类的苦的东西在婴儿的舌头上点一下,以示人生应如甘草之性坚忍不拔,苦尽甘来之意。在一些西方国家,为什么许多家长会在子女18岁以后就让他们自立。这样做,可能对他们子女的成长有好处,以后的生活也会更加幸福和快乐。所以,我想有兴趣、有能力的人可以去办一些让小孩子吃点苦的学校,让他们懂得农民种地的辛苦和收获庄稼的喜悦,以锻炼他们的意志与耐力。我看到一个报道,成都已经有这样的学校办起来了。让小孩子去锻炼锻炼，到农村去看看，去实地参加劳动，对后来的人生成长未必不是一件好事。

我们讲的追求快乐，其中之一就是追求可持续的快乐。小时候吃点苦对于一个人可持续的快乐可能会更加有好处。比如吃汉堡，虽然口味诱人，但却是标准的"垃圾食品"。吃它等于是享受眼前的快乐，但同时也埋下未来的痛苦。用它比喻人生，就是及时享乐，出卖未来幸福的人生。我们对小孩子的教育与管理也要懂得这个道理，小时候吃点苦，很可能会给未来人生带来不错的收获。

讲到这里，我还要补充两点：一是并不是所有的富家子弟成长都是不利的。如果你的财富是依靠自己的艰苦奋斗得来的，做官、做人很正派，对穷人富有同情心，对子女严格要求，可能就会有利于子女的成长，化不利为有利，或者化有利为更有利。二是根据一些科学家的研究，在小孩子11岁时，父母的行为对子女的影响最为关键，对孩子产生的"记忆效应"最强，所以应当注意这个时间细节。这样讲起来，我们这些五六十年代出生的人，在小时候的生活中吃了一些苦。但是，由于改革开放改变了我们一些人的命运，倒是有点"倒吃甘蔗节节甜"的味道。所以，我倒有一个观点，不要太抱怨那个时代。

二、不要赚过分的钱

什么叫赚过分的钱呢？赚过分的钱就是赚了不应该归你拿的那部分收入。经济学上讲，就是所付与所获不成比例。比如，你的付出或贡献是我的 10 倍，那就应该拿我 10 倍的收入。你的所付/所获和我的所付/所获比例是一致的。这叫做公平。你没有多要。这个道理，我们可以用一个公式来表示：

$$\frac{R_1}{C_1} = \frac{R_2}{C_2} \qquad (9\text{-}1)$$

这个公式表明了每个人从单位中获得的权益与他向单位提供的资源两者比例相等（其中，R 为收益，C 为成本，1、2 为不同生产要素的提供者）。这就是公平原则，或者叫均衡的薪酬定价原则。也就是按劳分配，多劳多得，多贡献，多收益的意思。这样既有利于每个生产要素积极性的发挥，也有利于单位的最好的工作效率的形成。

但现在的问题不是这样，你的付出是我的 10 倍，你却拿了比我多 20 倍甚至 50 倍的收入。相互间的所付与所获不成比例，那就是赚了过分的钱。人不能赚过分的钱，赚过分的钱，往往是害己、害人、害子孙、甚至是害天下。

害己，即一些人赚过分的钱是以自己的身体健康牺牲为代价的。这是赚钱对身体的过分。赚的收入对于身体的付出而言不成比例,赚的钱可能补不回身体健康的损失。前面在讲金钱与快乐的关系时,已经讲到过这样的道理。所以,注意赚钱的身体限度,会对你的健康长寿有好处,对你的快乐幸福生活有好处。

同时,得到的收入多于自己的付出,还会损害人际关系。因为人们对自己的劳动付出都有一个心理衡量,你拿多了,必然是"失道寡助",得不到社会正义的支持。况且,你自己拿了不该拿的,等于是偷了别人的东西,缺乏分配伦理,这样怎么能快乐起来呢?

不仅如此,赚过分的钱对于提高企业效率还没有好处。因为,剥夺者与被剥夺者都不会把自己的"生产性努力"发挥到"充分"的水平,从而影响企业效率的提高。我国企业的低效率实际上与支付给普通劳工过低的工资是联系在一起的。

害人,即一些人赚取过分的钱是以支付普通劳工的低工资为代价的。中国制造业工人的工资在全世界都是比较低的,印度是我国的1.5倍,只有日本工人工资的4%。有些企业十几年来工人的工资一直维持在五六百元一月。这样的企业实际上是赚了普通工人的过分的钱,是把本来应该付给工人的一部分收入装进了自己的口袋。这就是剥削,这就是害人。从1990年到2005年,劳动者报酬占GDP的比例下降了12%。可以说,企业利润的大幅增长在相当程度上是以职工低收入为代价的。①为什么我们许多工厂都招不到工人,有1.5亿剩余劳动力的我国为什么会出现"民工荒"现象?这在一定程度上就是由支付过分低的工资引起的。山西的黑窑工事件就是一个典型的事件。那些赚黑心钱的黑心老板,害惨了多少人,给多少家庭造成了痛苦和灾难,他们自己也终将不得安生!

少劳多得,就是剥削,就是把别人口袋里的钱拿来,转移分配到自己的口袋里。一个企业如果是形成这样的路径依赖的话,就会损失效率,就不会有好的企业文化。企业所得的利润只是"收益"而不是"效益"。少劳多得、多劳少得,就会形成少劳而期望多得的不良社会跟风现象,于是道德水准与社会整体的快乐水平一起下降。

害子孙,即赚过分的钱对子孙实际上可能没有好处。我们刚刚讲过富家子弟的成长环境可能更为不利的道理。那还没有考虑你钱的来路是否正当的问题。如果赚了过分的钱,无论是以损害自己的健康为代价,还是以损害弱势群体利益为代价,或者是以损害其他什么人利益为代价,对子孙的长期幸福都是没有好处的。你生病要拖累子孙,你不正当地谋取钱财,给后代树立了不好的榜

---

① 《中国企业竞争力报告(2007)——盈利能力与竞争》,社会科学文献出版社2007年版。

样。佛教说因果报应，辩证法说因果联系。如果赚了过分的钱，并且又有了很多的钱，没有积福、积德，却对子孙的幸福不利，那真是很值得反思的一件事情。所以，一些亿万富翁往往到年纪大了以后，开始反思自己的行为，开始帮助别人，这样可以对他们的行为有一个纠正，对他们自己的子女可能也会有些好处。

害天下，即一些人的赚钱往往是以社会环境与生态环境牺牲为代价的。一些企业过度地追求利润最大化和"股东利益至上"，使弱势群体的利益受到损害。比如支付过低的工资，工作环境有害健康，劳动保障条件差等。这些问题最终会引起社会闲散人员的增加、社会犯罪上升、群体性事件增多等社会问题。比如，低工资与社会犯罪有什么关系呢？因为，人的时间是可以进行选择性利用的。当工资过低时，他会感到这样的劳动对于改变命运毫无前途，一些人干脆就不劳动了，导致了社会闲散人员的增加，另外一些人则会把劳动时间转化为偷盗时间，导致了社会治安问题的严峻性。

早几年有个报道，重庆市渝中区有3万多名吃低保的人员，其中有1万余人是18—35岁的青年。他们大多有工作能力，却热衷当"低保懒汉"，宁愿在家中吃低保。为什么呢？因为工资三四百元，扣除了闲暇损失与各种成本后，还不如吃一百多元的低保。所以，过低的工资与对弱势群体利益的失顾，会导致社会问题增长，损害社会和谐与社会稳定。

还有一些企业的发展与利润增长是以生态环境牺牲为代价的。这就是对环境、社会与子孙后代的过分。2007年太湖、巢湖的蓝藻事件,还有淮河污染、滇池污染等一系列水环境问题,都是以损害生态环境为代价赚钱的结果。我国的水环境岌岌可危,21世纪为水而战可能已经难以幸免。赚过分的钱害天下啊!

所以,赚钱应该有一个理性的限度。这个理性限度就是你的付出与回报和人家的付出与回报的比例相等。赚过分的钱就是赚了不应该由你来赚的钱。我们不能赚过分的钱,不能剥削环境,剥削弱势群体,剥削自己的健康。这样对自己、对他人、对社会、对生态环境、对子孙后代都有好处。赚过分的钱对自己、对别人、对子孙、对天下人都是不利的。这也是我们做企业、做人的一条基本的道德原则。我们今天讲企业的社会责任。欧洲有些客商来我国一些企业购买商品,首先不是去车间看生产流程,而是先去看职工的宿舍、食堂与劳工生活状况。实际上也是在讲这样一个尺度。

一个人如果赚了过分的钱并且被社会所认识的话,最终将会成为很不受社会欢迎的人。2007年新的世界首富出来了,已经不是美国的比尔·盖茨,而是换了墨西哥的斯利姆。斯利姆比盖茨的钱还多。可是,墨西哥人没有因此自豪,而是被墨西哥人视为国耻。首富被视为国耻,这不是一件可以玩的事情。我们可能会想不通。那么,墨西哥人为何以世界首富为耻辱？大家可以看看网上或报纸上的评论。因为在大多数人眼里,斯利姆的名字意味着的不仅仅是"金钱",而且是垄断。他掌握着墨西哥90%的电话业务。由于他的垄断,使墨西哥的电讯收费一路剧增,成为世界上最昂贵的电讯收费国家之一。斯利姆自称做善事,国民认为,如果他把电讯资费降一点,就比做什么善事都要好。斯利姆赚了太多过分的钱,人们不喜欢他,他既害人又害己。赚了那么多的钱,人们都不认可、不尊重他,又有什么快乐可言呢？

三、快乐的生命资源安排

快乐的生命资源安排是一个很有实际意义的问题。前面我讲到,快乐是有机会成本的,要多做点事,就只能少点闲暇,世上的快乐难以两全。为了快乐而痛苦,为了活命而拼命,这经常成为现实生命选择里的一个难题。我们这个叫"必然王国",还不是可以完全"自我实现"的"自由王国"。什么叫必然王国呢？就是有许多必然性的东西驱使着我们只能这样做或那样做,作出一些有牺牲的选择。但是,这里仍然有一个怎样选择与安排的问题。这个问题有讲究。我提出了一个科学的生命资源安排从而实现生命快乐积分最大化的选择方法。

科学的生命安排应该是这样的：

1—10岁：快乐的童年。10岁之前，孩子的智力等都没有发育完全，正好是最需要玩的时候。同时通过模仿，需要接受一些良好的社会道德示范教育。如从前就对小孩做一些《三字经》、《弟子规》（原名《训蒙文》，为清朝康熙年间秀才李毓秀所作）教育。我们小时候是学雷锋等。现在小孩的教育环境起了很大的变化，五六岁的小孩就开始做功课、学钢琴，把功利的思想太多地灌输到了小孩子的思想中，小学生的书包负担很沉重，童年的欢乐没有了，可能就会给长大的幸福留下阴影。

11—50岁：有40年时间，这是闲暇时间相对比较少的40年。这40年又可以分成两段，前15—20年读书，后20—25年工作。这段时间是人的生命里面身心状况综合起来最好的40年。年少的时候学习，成年以后工作。虽然这40年中闲暇比较少，学习、工作的负担相对比较重，但仍然可以做到快快乐乐。我把11—50岁称之为：快乐学习、快乐就业、快乐创业、快乐立业的40年。尽管这里面你会付出很多的汗水和劳动，但只要努力调节好自己，让自己有个正确的思想、开放与积极的态度，就能够比较顺利地完成学业、就业、创业、立业的各个人生阶段，大大提高人们在这个阶段的幸福指数。因为，许多的学习、工作、创业、研究过程本身就可以是一个快乐的过程。

但是，现在我们的现实环境中出现了许多问题。一是在学习阶段,学习压力太重,不利于中小学生的健康成长与全面的素质培养,最后对国家创新反而不利。学习压力重又与工作阶段的就业压力大有关系。而就业难度大与创业竞争激烈和低工资政策有密切关系。低工资导致了低消费率与国内消费市场狭小,这样企业扩大就有困难,这就导致了就业、创业都不容易了。所以,我们要改变这个现状,让大家认识过低工资、或者叫廉价劳动力对于一个国家发展的全面害处,对提高所有人(包括富人与穷人、学习者与工作者)幸福指数的害处。

哈佛大学的学生也经常因竞争、就业而遇到焦虑和情绪紊乱的问题。针对这个情况,美国哈佛大学近年来推出了一门新颖的"幸福课"。教这门课的是一位名不见经传的年轻讲师,名叫泰勒·本—沙哈尔。沙哈尔讲的是积极心理学,他不是教他的学生如何去获得成功,而是深入浅出地教他的学生,如何更快乐、更充实、更幸福地学习与工作。结果,每次听课的学生都多达800多人。下面是沙哈尔在幸福课中的一段话:

> 我们越来越富有,可为什么还是不开心呢?这是令许多美国人深感困惑的问题。据统计,在美国,抑郁症的患病率,比起20世纪60年代高出10倍,抑郁症的发病年龄,也从上世纪60年代的29.5岁下降到今天的14.5岁。而许多国家,也正在步美国后

尘。1957年,英国有52%的人,表示自己感到非常幸福,而到了2005年,只剩下36%。但在这段时间里,英国国民的平均收入却提高了3倍。

沙哈尔的这个教课内容与我们的快乐学课程差不多,只是我们的课程更加富有理论色彩与更加体系化,但所要表达的思想是接近的。大家都要追问,我们来到这个世界上,到底追求什么才是最重要的?本—沙哈尔坚定地认为:幸福感是衡量人生的唯一标准,是所有目标的最终目标。沙哈尔认为,幸福应该是快乐与意义的结合。而幸福是可以通过学习获得的。沙哈尔在幸福课中说:"一个幸福的人,必须有一个明确的、可以带来快乐和意义的目标,然后努力地去追求。真正快乐的人会在自己觉得有意义的生活方式里,享受它的点点滴滴。"这段话对于启发我们的学习、工作与生活都是很有意义的。

其实,学校可以是个获得快乐的地方,学习可以是件令人开心的事。可惜,没有人告诉学生们这一切。所以,我们现在有的学校与教师在推广快乐教学。教师快快乐乐教,学生快快乐乐学。那是多么开心的一件事情啊!上海长宁区的一些小学改评优秀教师为评快乐教师。浙江嵊州的嵊山小学从2004年起推广"快乐星期三"活动,以"关注每个孩子的快乐需求为核心",旨在将孩子们培养成为"快乐为先、道德为魂、自主为基、组织为体、发展为重"的"快乐"新生代,收效明显。①

自从本—沙哈尔教授开设"幸福课"以来,助教们说,一年中身体出奇的好,心情也爽多了。一位助教说:"我改善了我的饮食、睡眠、人际关系,还有人生的方向感。这些对我来说,都是很重要的东西。"另一位助教称,这门课的出勤率,平均在95%以上。"它的奇妙之处在于,当学生们离开教室的时候,都迈着春天一样的步子。"这就好像我的学员告诉我,听完了我的课,至少可以多活一年。如果真是如此,那是多么积德、积福的一件事情啊!

51—90岁:还有40年,现代人可以活到90岁,这是逐渐放慢工作节奏,直至完全享福的40年。这是一段很美好的人生时光。英国人从前说人生从65岁开始,现在说从45岁开始,我们折中一下,人生从50岁开始吧。那50岁以后,人们要逐渐放慢自己的工作、生活节奏,当然不是说就不工作了,而是说要放慢速度,做做刹车的事情。因为50岁以后的人的体能和生理状态都在明显下降,这样可以使下降的体能与放慢的工作节奏相适应,从而使工作不过分,不会损害健康,从而实现一生快乐积分的最大化。

我们总结一下,1—10岁是快乐的童年,11—50岁是

---

① 应西芳:《"快乐星期三"综合实践活动课程的开发与实践》,《教育信息报》2007年11月24日。

闲暇相对较少、工作、学习相对繁忙的40年。50岁以后要放慢节奏，享受自己前半生创造出来的成果，享受人生，我们叫享福的人生阶段。当然，人到中年不是说马上就要停下来，你身体健康可以做到60岁、70岁甚至更长，但50岁以后最好是事情越做越少，休闲越多越好。这是对于大部分人与大部分职业讲的，某些职位与职业当然有例外。这就是实现一生最大快乐的生命资源安排。

但是，有些人不是这样，往往是倒过来，反着做，那可能就要吃苦头了。一个人10岁到50岁正是学习和做事的最好的时期，你在那里贪玩，到老了可能就没有一点积累，那可能就要吃苦了。我经常跟大学生讲，现在吃苦4年，努力学习4年，以后快乐40年，因为你掌握了能够应对社会发展的基础知识与技能。如果现在在大学玩4年，玩手机，玩游戏，以后就要吃苦40年。学业不好，就业就难，创业也会受影响，立业可能就是一句空话。后面等着你的净是痛苦。所以，我刚才讲的科学的生命资源安排，就是达到一生最大快乐的生命时间配置设想。

四、旅游与转换环境的快乐效应

现在，研究快乐与幸福学的学者们发现了一个规律，叫"享乐适应"。什么叫享乐适应呢？就是你对一个事物开始时是感兴趣、有快乐感的，但过了一段时间后，适应了,感觉不出来了。生活中的确存在这种"享乐适应"现象。但是,我要告诉大家,一方面,享乐适应是一个比没有这种享乐事物要稍微多一点快乐的适应,所以尽管是享乐适应了,但整个快乐水平并没有回到从前,而是有一个微弱的提高,即在更加舒适的环境中感觉适应了。二是怎样来改变这种情况呢?那就是我要在这里提出来的"生活波浪规则"。

在有条件的情况下,我建议我们每年都要搞点旅游,到外面去看一看,或者走亲访友、参加学术会议、考察等,适当转换一下生活和工作的环境。比如,公司的中层干部会议可以到一个景点或者乡下去开都行。因为,你总是呆在一个一成不变的环境中,我们经济学上讲有一个边际效用递减的问题。你会感觉到一个新地方有新鲜感,回到原来的工作单位或家里又有一些新感觉,这样就可以大大降低你的"享乐适应",提高你的快乐指数。

所以,我鼓励大家去旅游,走亲戚。现在,一些地方的总裁班,因为经济条件许可,这个星期在这里上课,下次又跑到另外的地方上课,实际上是这个组织者有个转换环境、让学员们增加环境新鲜感快乐的意识。换个新鲜地方,减少一成不变的环境烦恼,可以提高人们的快乐指数。

人生也好,办企业、办大学也好,大家都应当有个转换一下环境、让生活稍微有点波浪的意识,这样既能够增加人们对新环境的快乐感,同样也能够提高人们对已经熟悉环境的幸福感,提高人们工作、生活的幸福指数。中国人有句俗话叫:"小别胜新婚",讲的就是夫妻通过离开一点时间,降低享乐适应,提高生活幸福指数的有效方法。这虽然是一个小技巧,却包含着大道理。注意它,对人们的生活幸福、事业幸福都会大有好处。

五、美的消费与价值

美是有价值的。美能够给人们带来一种愉悦的享受,带来快乐。鲁迅在《故乡》中,写到了一个杨二嫂,人称"豆腐西施"。那个豆腐西施年轻时长得有些姿色。因为这个缘故,这豆腐店的买卖非常好。大概很多人都喜欢到豆腐西施那里去买豆腐,既买豆腐又看"西施"。那豆腐西施每天比别人多卖豆腐赚得的利润,就是豆腐西施美的间接定价。所以,美实际上是有价值的。后来,大概是由于年龄大的缘故,鲁迅把她写成凸颧骨,薄嘴唇,站相如画图画的圆规。这副模样卖豆腐大概是不行了,长相老去,豆腐生意随之清淡,所以到鲁迅家来顺手牵羊拿东西了。

美的价值问题给我们企业招聘员工、公务员选择、人力资源的合理配置,提供了重要的话题。英国科学家研究表明,一个漂亮女人的媚眼,看一眼,相当于五个单位的GDP。当然,我想这个看的人大部分是男人。所以,按照严格的定价理论,漂亮的先生和小姐我们看了一眼假如能够给我们带来快乐的话,我们是要给他(她)付费的。像我这么难看的,头发又掉了,你们看我一眼,我是要倒找钱给你们的。在经济学上,这叫正外部性与负外部性的内在化处理问题。

但关键的问题是,美的直接定价很困难。你看人家看过没有,看了几眼,一眼停留多长时间。这个交易成本很大。在付费与不肯付费之间容易争吵起来。你说看过,我说没有看,这样收费就有困难了。但是,市场还是有它的解决办法,美可以采取间接定价法。一般来说,英俊的先生、漂亮的女士容易找到薪水好的工作,并且大部分漂亮的姑娘还容易找到收入、职位不错的对象,这就是美的间接定价与社会回报。

由于美与丑都具有外部性,即会对她(他)的工作、生活环境中的人产生不同的影响,增加人们的快乐感或痛苦感。这样,就还要涉及一个人力资源合理配置的话题。因为,有些岗位需要漂亮一点的员工,有些岗位漂亮反而会碍事。比如说餐馆吧,一个美女,一个丑女。你把美女弄去烧锅炉,丑八怪拿去端盘子。那个美女烧锅炉不安心,因为她的美的价值不能实现,在锅炉前面老是照镜子,锅炉也容易烧爆炸掉。那丑八怪去端盘子会给顾客带去负外部性,给消费者的胃口以不利影响,顾客看见容易吃不下去饭,或者消化不良,那你餐馆的生意就做不下去了。所以,我们可以把快乐原则运用到人力资源配置管理中,帮助你生意兴隆。根据快乐原则,你调换一下,把丑女安排去烧锅炉,把美女用来端盘子。这样各得其所,美的价值也实现了,那个丑女也怕人家看,烧锅炉心里也很安顿。餐馆既能够生意兴隆,又能够保证你的锅炉平安无事。大家都有快乐,快乐就能够提高效率并增加财富。

为什么我们要讲这个道理呢?是要说明两个问题:一是说明美是有价值的,因为美能够给人们带来快乐。但是美与丑又各自都可以实现自己的价值,不是所有的岗位都需要长相漂亮的。根据这个原理,我们在经营企业、招聘员工中就需要注意这个事项。那么,怎样来识别这个问题呢?主要是看劳务服务还是产品生产。如果是劳务服务,那么大多数服务性行业,包括政府窗口部门,都是有工作人员的态度、容貌"搭载"或者叫做"捆绑"在服务、公务行为上的。搭载服务是什么意思呢?简单点说就是你这个产品卖给消费者的时候,是把这个产品和工作人员的服务行为捆绑起来一起销售的。你这种岗位选的员工要尽可能在相貌上好看一点。比如说银行的窗口,餐馆端盘子的先生、小姐,洗脚店的先生、小姐等。顾客不光光是接受你给我端来的菜,你点给我的钞票,还有你的营业服务态度,你的语言,音容笑貌,对顾客来说都是一种快乐的加分或减分。所以,这种窗口岗位是具有服务人员的劳务搭载和捆绑销售性质的。连服务者的语言和相貌一起购买在我们的产品中。服务态度好、相貌好的窗口,生意可能就多,豆腐西施当年就是这样卖活豆腐的。现在为什么在一些窗口行业要看长相,看态度表现,就是这个道理。

这个问题的第二点启示是:美与丑各有所长,长得难看不要怕,同样有施展才能的地方。这就要讲到大量产品是没有这种捆绑销售这个话题。我们大量的企业生产就是这样的。比如服装厂。你这件衣服,很难想象出是美女做出来还是丑女做出来的。所以,服装厂的员工你尽可以招得相貌平平一点,难看点都没有关系。但是,你招柜台的服装销售员就要漂亮一点。所以,美不仅有价值,而且还有使用方法的得当与否。我们在如何使用美的资源方面实际上是大有讲究的。你配置得好,能给人家带去快乐,也能给自己带来财富。这就是对我们前面讲的在快乐与财富之间,更多的是快乐导致财富,而不是相反的道理的另一个证明。这就是美对于我们这个快乐世界的意义。

六、婚姻辩证法:越是没钱越需要结婚

现在,离婚成了时髦的事情。这个时髦我想是值得

考虑的。在我们这个社会里,没有钱的更需要结婚,并且需要婚姻稳定。结婚是成本最低的幸福生活之路。我们有些人并没有钱,却也赶时髦,东挑西拣,也不结婚。或者是,结婚后轻易离婚。这是盲目的,很错误的。人类的婚姻约束条件是随着经济条件的改善而不断放松的。由生育合作水平——生活合作水平——情感合作水平,我称之为婚姻三步曲。在经济学上,这叫做婚姻效用曲线的不断上升。

最早的婚姻是媒妁之言,父母之命。夫妻双方到结婚入洞房,掀开盖头,才是第一次相见。因为,那个婚姻不是为了你自己的爱情需要,你是不能够为爱情启齿的,而是为了传宗接代的需要,结婚是为了生儿育女。所以,你就可以理解梁山伯与祝英台为什么私订终身是不允许的。旧社会的结婚,妇女以能够生个一男半女为光荣,妇女成为生育机器。"不孝有三,无后为大"嘛。而又因儿子能够力田承业、养生奉死,所以生儿子又特别重要。

随着社会进步,婚姻除了生儿育女外,还是为了爱情的需要,这既是西方传入的观念,也是社会进步必然性的结果。这样,婚姻的快乐效用又有了提高,由生育水平提高到生活水平吧。我称之为生活合作,包括的主要内容是男女双方的情爱需要等。

随着社会的进一步发展,人们的收入不断提高后,一些人的个人财富增长到可以将结婚——离婚——再结婚的经济成本忽略不计的程度,婚姻的约束条件大为放宽,情感合作成为婚姻的首选因素,情感多样化需要可能在部分人身上显露(这与个体的生物基因差异与夫妻间的神经适应性相关),离婚率逐渐上升。男人有钱就"变坏",成为一个需要正视的事实。

所以,我认真建议,低收入者一定要认真结婚,切莫跟风离婚。你付不起那个成本。高收入者也需要认真考虑这个事情。为什么今天的离婚率大大提高了呢?部分原因就是一些人钱多了,要求提高婚姻的效用水平,不肯守候满意度低的婚姻,所以问题就出来了。这是社会发展的正常现象,是人类追求快乐和幸福的正常现象。但是每个人都要根据自己的实际情况,莫要跟风,尤其是低收入阶层,最好要坚守婚姻阵地,不可轻言离婚。

谈到婚姻辩证法,还有一点重要的启示:女方找对象一定不要看重对方的钱。我们已经看到,有钱的男人的离婚率会比较高,男人有钱容易"变坏"。因为,经济问题对他的约束力更弱了,他的花头就容易多起来。一些女人希望自己的丈夫有钱,谁知一些男人有钱了以后,心就水涨船高,真是一种矛盾啊。

谈到婚姻稳定问题,实际上家庭淡化从工业革命就开始了。工业革命前,婚姻比较稳定,这主要与家庭是基本的生产组织、家庭分工是最有效率的社会分工的情况分不开的。长期婚姻合约的弱点被家庭分工的效率弥补了。工业革命后,企业取代了户组织的以自然生理能力为基础的社会分工,家庭组织再生产的职能让位于企业(家庭已经逐渐失去生产组织的地位,逐渐成为单纯消费组织),家庭对于人生的重要性开始下降,家庭淡化从此发生了。这表现出来的是,我们所看到的逐渐提高的离婚率和对婚姻专一性重视程度的下降。这是离婚率提高的经济分工与社会进步原因。

因为,当家不再是组织生产——男耕女织的基本单位时,家庭成员对于家的依赖性就会减弱,对企业组织的依赖性相应增强。开放的社会组织系统为家的成员提供了大大增加的外部接触几率,而由于边际效用递减规律的作用,当夫妻双方的相互适应性——情感引力弱于求新异的需求力的时候,这种组织环境为家庭成员向外部寻求快乐提供了信息搜寻费用等交易成本较低的途径。当分工扩大的效率使社会变得异常文明和富有时,由婚姻组成家庭这种利益共同体在心理安全、降低设防成本、扩大亲缘纽带等方面均具有的巨大的节约和合作效率将进一步可以忽略时,家庭淡化势头也将进一步延伸。这是我们看到的现代人的家庭观念不同于传统社会中人们的家庭观念的重要原因。这事实上也是中国人重家、美国人轻家的部分非文化的原因。这就是存在于婚姻与社会进步中的辩证法。不过,大家不要过于担心这个问题,就好像我刚一开始讲到的人类终将向越来越多的闲暇与越来越少的劳动的社会过渡一样,这同样值得我们开心。因为,我讲的同样是一种未来趋势。

七、择偶的快乐原则

选择怎么样的配偶比较符合快乐原则,这个问题很实际,比较难说,却很重要。因为婚姻有助于快乐。所以,我们鼓励大家有条件的要结婚,没有条件的创造条件也要尽可能结婚。

在一般情况下,大家可能会这样想,如果有可能,找对象就要找漂亮一点的。因为美能够带来快乐。找个漂亮的先生或小姐做配偶,是许多人的心愿。问题是漂亮的人你看中,人家也看中。就讲女生吧,你找个漂亮的男生的成本可能很高。男生找漂亮的女生资源也是同样稀缺。因为漂亮的资源稀缺性,导致需要投入较大量的成本。如搜寻成本、交往成本、陪伴成本、谈判成本、签约成本、采购成本、维护成本、监督成本、处置成本、跟踪成本、退出成本、交割成本、重置成本等等。尽管婚姻是人类快乐的少数几个最重要的基础产品之一,它是人类生活快乐如亲情、凝聚、归依、安全等一系列人类情感需求满足的基础。但是搜寻漂亮的对象往往成本高昂,且不好养。你看中了别人也看中,尤其是那些既长得帅、又有钱的男士。为什么要把有钱加上来,道理在前面已经证明过了——有钱的男人容易（但不一定）变坏啊。

你这个老公既有钱又漂亮,容易被人家盯上。我是说,容易,但不一定。这样,你可能就要花工夫去监督。你的精力有限,他总在外面跑,明明是一个女士打来的电话,可他偏偏说是有一个业务,你没有办法鉴别。到最后,你监督不过来,就容易导致"国有资产"流失。

所以,我告诉大家,大家找对象,自己看着合适就行。这是最重要的。自己看着基本满意就可以了。不一定要去追那个很漂亮的。当然,他(她)撞上来,或者是自然形成,那是另当别论。找对象找你自己中意的人,看相差不多就行,性格、情趣的相合是更加重要的。双方相互喜欢,又没有监督成本,既踏实,又安全,还省心。因为夫妻要度过一生,这是一条既符合浪漫主义又符合现实主义的择偶原则。你不一定要看着那个某某演员很漂亮。一是你弄不来,二是即便弄来了,能否守住也是一个问题。尽管没有确切统计,但那些漂亮的人往往离婚率也高,可能就有这方面的原因。大家经常谈演艺圈的情感生活话题,为什么对这个话题大家关注较多。其中一个原因,就是这个圈子里的人大多长相比较好看,新闻也就比一般人多。

这里我告诉大家一个真实的故事,从前我们老家一个农民自己长相平平,对姑娘要求却很高。一个本家长辈给他介绍了多个对象,他都看不上眼。本家长辈发火了,问他"某某"好不好(某某为下放到该村的一知识青年,高中生,很是细腻漂亮)。他倒也有些自知之明,说某某又太好了。这位农民就是这样太过挑选,直到六十多岁都未找上对象。

这里我还要告诉大家一个深刻的道理,找太漂亮的对象,从经济学的角度分析,往往不是"赚"了,而是"赔"了。从产权理论上讲,漂亮的人被别人看的几率也高。前面讲过,美能够给人带来快乐。但带来快乐是一回事,"收费"是另一回事。漂亮往往是被人家看了白看,你收费是收不回来的。因为漂亮有个外部性问题,英国科学家讲的漂亮女人的媚眼看一眼相当于五个单位GDP,你被别人看了一眼,人家得了五个单位的净收益。你收费却收不回来。你是净亏五个单位GDP。一天下来,不知要亏多少个单位的GDP。所以,刻意找很漂亮的对象,往往存在着几种损失的可能性。当然,你有助人为乐精神,不计较收费问题,那倒也是大家都快乐的事。但有的人就不是这样了,既要找漂亮的对象,又小心眼,经不得人家看。那就很郁闷,反而快乐指数不高。这样听我一讲,对于未婚者而言,找对象可能会切合实际得多,不要太在相貌上挑拣了。你的老公老婆尽管不是很漂亮,却是一件很快乐、很省心的事情。

八、保持低的期望值

现代人类生活中并不缺乏快乐,甚至快乐是随处可拾。如在力所能及的条件下,乐于帮助别人的人比较快乐,心态平和的人比较快乐,不盲目攀比的人比较快乐,以快乐的心态对待工作、学习的人比较快乐,注意各方面关系和谐的人比较快乐。然而,由于在财富、职位差距等方面存在的不正确的认识,使得许多人只看见收益,看不见成本,只看见财富的快乐,看不见挣钱的成本与痛苦,并大大高估了有钱有地位人的快乐指数,使得一些人对金钱、地位的期望值越来越高。有钱有地位可能只是稍微快乐一点,有些有钱人甚至比穷人还要痛苦。之所以产生这些快乐陷阱问题,与我们的期望值太高、对钱的价值观不正确可能是大有关系的。

国外有关研究表明,许多人获得快乐的一个基本秘诀是:保持低的期望值。生活中我们经常可以看到,一些人总是很乐观,容易满足,而另外一些人则总是不满足。这与他们的期望值不同可能有很大关系。期望值太高的人,失望也多,而失望就会给人带来痛苦。我们要积极工作,努力创造,但期望值不能太高。期望值太高,即便是成功了,也会降低你的满意度。保持低的期望值,成功了反而会给人们带来更大的喜悦。我们要摆脱完美主义,要学会接受失败。而保持低期望值对于正确对待失败有很大的帮助。

所以,人的期望值要保持得低一点。你不要一百万想一千万,一千万想一亿。过高的期望值,容易失望。我们对世界的期望值低一点,能做多少事情就做多少。在期望值上同样不能过分,这样才能够使人们保持良好的心态,增加你的快乐。

有个成语叫:贪多嚼不烂。贪多了,往往消化不了,对自己的生命健康快乐仍然没有好处。所以,做人要在工作与事业上勇猛精进,却不能贪婪,不能有过高的期望值。这样的人生才会快乐和幸福。文艺复兴时期有这么一句话:我是个凡人,我只想要凡人的快乐。这句话道出了大多数人生活的实际意义与价值。

快乐心理学上有一个叫"损失厌恶"的概念。什么意思呢?即人们对于增加某种收益获得的快乐往往不如该种收益损失的痛苦来得大。即比如一个习惯了的奖金规则的情况下,突然给你减少500元奖金的痛苦远远要大于给你增加500元奖金带来的快乐。损失的感觉更加难受。在期望值问题上,也是这样,低的期望值没有实现时,几乎感觉不到损失,但高的期望值就不一样了。所以,保持低的期望值,有利于精神快乐。

在这个问题上,住房就是个例子。一些人好攀比,以为住房面积越大越好,实际上房子太大、太小都有压力。

房子不是越大越好。过大的房子容易散气,使体能消耗过大,对身体就没有好处。夏天的农村很热,但农民们都知道,如果晚上睡在外面吹夜风,第二天人就会没有力气。什么道理呢？野外很空旷,可能消耗的体能就多。所以,不攀比,保持低的期望值,可能反而会对身心健康有好处。

《吕氏春秋》中说:欲不正,以其治身则夭,以其治国则亡。可见,树立正确、科学的欲念、思想、价值观对于快乐人生与社会发展的重要性。

九、节俭并非不快乐

节俭与快乐是一个很有现实意义的话题。我们看到有些人特别节俭,有些人的生活却很奢侈。一些人以节俭为乐,也有一些人认为人生短暂,应及时行乐,甚至发展到尽情挥霍、生活糜烂的地步。上海做股票发家的杨百万,有两个弟弟,跟杨百万做股票发财后,生活开始堕落,先后吸毒,结果反而变得贫困了。杨百万依然节俭,一天用钱不超过百元,获得了可持续的快乐生活。

我这里想讲的话题是,节俭并非不快乐。节俭与奢侈往往是由生活经历的不同造成的。有些人年轻时比较苦难,人生成绩是靠艰苦奋斗创造出来的。这种艰苦奋斗的习惯和记忆往往会影响他的一生的消费观念与消费行为。后来的生活对于从前的生活而言,幸福感已经大大提高了。所以,虽然是仍然节俭,但并非不快乐。这些人的节俭生活的幸福感、充实感往往要比那些挥霍钱财的人还要高。

节俭与浪费往往是一种生活习惯的差异,同时也在一定程度上反映了人们的世界观与生活态度。我们倒要注意的是,一定要孝敬那些特别节俭的长辈。比如我父母亲,父亲很节俭,我母亲的生活习惯就比较大手大脚一些。按照我的解释,他们两个人的这种消费观念与生活方式差异,实际上由于小时候的生活经历不同造成的。我的家在农村,我父亲小时候比较苦,曾经跟人学种田,结果手伸到水里,手皮涨得不成样子,人家认为我父亲不适合种田。我祖母决定,让我父亲学做生意。我父亲12岁时,就到了浙江汤溪的一户大户人家做帮工。那户人家楼房很高。我父亲要把一壶开水提到楼上去,水壶很重,人又小,楼梯又高,很害怕,不敢做了,后来就挑着铺盖回来了。14岁时,我父亲到兰溪城安易里的一家糕饼店做学徒,后来又做贩卖丝线的挑货小生意。我父亲说,贩卖丝线时要把钱绑在毛竹扁担头的凹槽里,生怕被人劫了去,可见生活之艰辛。

一次,我父亲从老家装运杨梅到杭州卖,那时候是走水运,船慢得很,结果杨梅运到杭州全烂掉了。杨梅是向乡亲们赊来的,这样不还钱就回不去了。我父亲只好跑到上海找工作,挣了钱,还清了杨梅账,到了过年才敢回去。可见,我父亲年轻时生活很辛苦。所以,一直到老来都很节俭。我的侄女曾经写了一篇作文叫:《我的爷爷》,描写我父亲的生活。说我父亲那个房间根本就没有值钱的东西,但总是锁着门。我至今仍然经常怀念我的父亲,他死后,我在他的坟墓上题了一副挽联,总结了他的坎坷一生:

节俭一生,忠直一生,积下世代荫德

闯荡半世,孤独半世,守住祖宗基业

我母亲就不一样了。我母亲在家里是最小的,从小受到外公和哥哥嫂嫂的照顾,基本不劳动,一直到和我父亲结婚。嫁给我父亲后,又是在上海的一家国营工厂找到了工作,基本没有经历过自己做生意挣钱辛苦的事情。所以,生活上就大手大脚一些。比如用水,我父亲很节俭,我母亲就不同了,一直到老来,各自的生活习惯都没有改变。这实际上就是反映了年轻时各自生活经历的差异啊。

我讲这个事情是想说明,我们做晚辈的,一定要懂得这个道理:那个生活浪费一点的长辈往往他知道怎样花钱,怎样去消费。你稍微少关心一点问题不大。但是,对于那个特别节俭的长辈,你一定要努力孝敬他。我们记住了,苹果送去后,一定要给他把皮削掉,切开递到他嘴边,这样他才会吃。否则,他要等到苹果烂掉了,才舍得吃,或者他自己舍不得吃,又送给子孙们吃了。这是我们做晚辈的一定要记取的经验。

然而,节俭并非不快乐。对于那些节俭的人来说,他们今天能够吃到苹果,有饭吃,能够有这么好的衣服穿,有电视看,已经是很快乐、很幸福了。节俭的品格也很值得我们尊敬,他们是给子孙后代留下资源、环境、福祉和美德。但是,作为我们来说,要特别孝顺那些特别节俭的老人。因为从他们的行为中反映出他们早年的生活不易,因为他们为我们后代的幸福生活作出了很多贡献。

十、走近快乐的疑难

快乐是人类行为的终极目的,却仍然有许多人对此充满疑难。有许多的道理尽管我们在前面已经讲得够清楚了,但是疑难的消解仍然需要假以时日。这里,我们需要对其中的几个问题进行一些集中的解释。

(一) 饭都没吃饱,何谈快乐

当人们谈到快乐时,经常把它和享乐联系起来,并认为这是人们的生活达到一定水平或者是一定阶段后讲的事情。这是对快乐思想肤浅理解的表现。快乐是一个无时不有,无所不在的问题。快乐既是个哲学问题,当然也是个实实在在的生活问题。吃不吃得饱,有没有工作,都有个快乐与痛苦的问题。吃不饱、没有钱、没有工作自然是痛苦,这正是需要我们解决的。吃不饱饭的人解决了吃饱的问题,没有工作的人解决了就业问题,这就是快乐。虽然,这些快乐的层次是比较基础的,但对于生命体的所有快乐而言却是必不可少的,这些快乐同样是构成人类快乐多层次性的一些必要的结构。也正是有了这些基本的快乐需要的满足,才有了人类快乐满足的进一步的发展空间。

事实上,不仅吃不饱、没有工作有个苦乐问题,吃得饱,有份好的工作,丰衣足食的生活,同样有快乐与痛苦问题。这就是快乐与痛苦对于人类行为而言的无所不在的特征。而越是吃不饱饭,越需要关注人们的苦乐问题,越需要社会解决。因为这些是人类基本的快乐需求。通过快乐理念教育,使人们懂得吃饱饭对于人们快乐的重要性,这样会更加有利于政府部门对基本民生问题的重视,对于人们的生活快乐幸福和建设和谐社会有好处。

1998年10月8日,我进行博士论文答辩。论文题目是《经济学:一种人本主义的解说》。在我谈完快乐—人本—和谐一体化的人本经济学理论体系后,其中一位博士生导师问道:下岗工人的快乐在哪里?言辞中显示出对快乐学说的不解。下岗是一种痛苦,正是因为下岗成为一部分人的基础性的生活痛苦,所以才需要和大家讲清楚快乐对于每一个人的人生的重要意义,所以才需要社会努力解决下岗工人问题,使得他们获得快乐幸福的生活。当然,对于许多人而言,快乐的问题并不会因为下岗而失去,这就是我们前面所说的心态与社会支持的重要性了。

(二)公说公有理,婆说婆有理,标准何在

无论是学者还是平常人,都会随便提出一个快乐的标准问题。一般人会说,快乐是个公说公有理、婆说婆有理的问题,你说这个事情快乐,他说不快乐,难以形成一个统一的标准。哲学上把这种观点称之为快乐的"不可知论",可见常人说的还是有出处的。这个出处却出得不正确,是对于快乐理论缺乏深入了解的反映。

关于人们的快乐是否可测量的问题,其实我在前面已经讲过了。快乐是心身一体化基础上的脑物质的机能,是一种愉悦的主观感受。这种主观感受是以人自身与对象的客观物质存在为基础的脑生物电、场、波、磁、物理、化学等的反应现象。因此,归根结底而言,快乐的主观性是具有人体反映机理的客观实在性基础的,并且最终是可以通过科学测量仪器(我称之为"快乐计")来读取的。终于会有一天,我们可以得到这样的仪器与数据,如同血压计一般可以测量血压。

同时,快乐又是人们对于存在世界的一种精神体验

与反映。快乐与痛苦实际上是每个正常人都能够真实体验到的一种心理感受。心理学家、社会学家通过设计一些调查量表来获得人们对于快乐与痛苦水平的自诉报告,这些报告通过数据与信度、效度处理,被认为是有效的,并通过扩大调查量来减少统计误差的问题,从而获得快乐指数的准确数值。

一些人认为,快乐没有标准,实际上并非如此。市场上为什么产品定价会有高低(一致性的选择行为),对某种事物、人与行为的评价会比较一致,这种定价差异的市场一致性与行为评价的道德一致性实际上反映了人们对于好与差的基本一致的认同标准。而人们对于好与坏的判断,归根结底是对于快乐与痛苦及其苦乐的大小而言的。正如洛克所言:我们称那易引起我们快乐的为善,称那易引起我们痛苦的为恶。这就是人们对于苦乐的一种标准。

面对于同一个事物,不同的人的确会产生不同的苦乐判断与体验差异,这种情况的确存在,也是一些人怀疑快乐没有标准的一个表面上站得住脚的理由。实际上,对于快乐的体验或判断差异,不仅仅存在于不同的人之间,也会发生在同一个人身上。如从第一个馒头吃到第五个馒头的快乐体验效用的增量就会改变。经济学上称之为边际效用递减(演化)规律。但这种差异并不妨碍人们吃第五个馒头,也不妨碍人们在理论上与实际应用中克服这种差异。实际上,根据人类追求快乐最大化的行为原则,人们总会不断放弃或减少自己认为的那些低效用对象的追求,而趋向对最大化效用对象的选择,使得人们的选择行为(在动机与理论假说上)总是指向快乐最大化的,从而可以确定地断言,快乐指数、幸福感、满意度等调查定然可以大致准确有效地反映人们获得快乐的最有效状况,使得各国进行的快乐指数调查与测量研究变得有效。"公说公有理、婆说婆有理"可以在"最大化"理论原则下获得对于每个人来说都是最大化的快乐数值,从而使得快乐指数的测度与比较成为可能与科学。①

(三) 大谈快乐,何利发展

艰苦奋斗、科学创新、社会发展等是一组具有内生联系的概念。通过人们的艰苦奋斗、勇猛精进,可以获得科学技术的不断创新,从而为经济社会发展奠定基础。这些也是一个社会价值观教育的正统道理。现在我们讲快乐学,让人们走近快乐,一些人可能会想,这是不是会影响人们艰苦奋斗的意志力,不利于科学创新精神的发挥与社会更好的发展进步?

---

① 陈惠雄:《"快乐"的概念演绎与度量理论》,《哲学研究》2005年第5期,第85页。

从现象上说,尤其是以一种局限的享乐行为心理与实用主义视角去解读快乐学说,这种担心的确有一定的道理。然而,这种现象的出现正是没有真正掌握快乐思想的科学性的表现。实际上,快乐是从人类行为的终极目的与终极价值的角度来理解的。我们讲的快乐对于个人而言,是一生快乐积分的最大化,对于社会而言是全社会大众的快乐的可持续的最大化。而艰苦奋斗、科学创新无论对于个人还是社会而言都是有利于人们快乐最大化目标的实现的。

事实上,只有明确快乐才是人类行为的终极目的与终极价值,人们才能够少走弯路,更好地珍惜时光,珍惜生命价值,合理安排生命资源,劳逸结合,实现一生快乐积分的最大化,从而也会更加有利于科学创新与社会发展。社会从快乐角度出发,实行"快乐治国",把最大多数人的最大快乐作为立法、道德与经济社会发展的准则与基础,才能够使我们的社会发展的价值基础真正稳固,以人为本的科学发展观才能够真正落到实处。因为,人以快乐为本,快乐—人本—和谐,是一个一体化的社会发展理论体系。

十一、做一个快乐的人

做一个快乐的人很重要,也很美。影响快乐与痛苦的因素大部分不是天生的,即使有些因素如相貌、性别、性格等与遗传有密切关系,但还是可以通过后天的努力来加以完善,使之往有利于快乐的方面转化。幸福心理学家威尔逊(Wilson)总结了快乐人的大致特征:"快乐的人是年轻的、健康的、受过良好教育的、有较高收入的、外向的、乐观的、不焦虑的、有信仰的、结了婚的人,且具有高的自尊、工作热情,与其性别和智力相适应的志向或期望。"做一个快乐的人的经验应该有许多,我想只要掌握以下20条,你就可以实现快乐人生的梦想:

1. 锻炼身体并笑口常开;
2. 乐于和人交往并保持友好的人际关系;
3. 正直,真诚,善良;
4. 热忱,友好,追求团结;
5. 不自私;
6. 不偏激;
7. 有涵养,有信仰;
8. 乐观向上;
9. 热爱结婚;
10. 保持低的期望值;
11. 经常与亲人相聚;
12. 找一份自己满意的工作做;
13. 不赚过分的钱;

14. 和快乐的人在一起；

15. 自信与自尊；

16. 接受教育；

17. 乐于帮助别人；

18. 小事忽略，烦恼忘得快；

19. 热爱大自然；

20. 注重健康、亲情、人际关系、工作等的全面协调。

我想，做到了上述这20项，或者做到了其中的大部分，你就一定能够成为一个快乐的人。你的生活一定会很幸福，一定会有利于你的健康长寿。当然，如美国一位学者所言，一个快乐的人，也会有情绪上的起伏，但整体上能保持一种积极的人生态度。他经常被积极的情绪推动着，如欢乐和爱；很少被愤怒或内疚这些负面情绪所控制。快乐是常态，而痛苦则只是小插曲。如果我们能够做到这样，那我们一生的快乐积分就会很高。

十二、建设一个幸福的社会

建设一个幸福、和谐的社会，实现最大多数人的最大快乐，既是我们国家、社会发展的愿望，也是快乐学理论的最高目标。我们一开始就讲过，我们的快乐幸福不仅仅是个人的，而且是最大多数人——一切人的、全人类的快乐和幸福;我们的快乐幸福不仅仅是眼前的,而且是长期的与可持续的;我们的快乐幸福不仅仅是享受,还包括着艰苦奋斗、创新创造的人生体验。建设一个幸福的社会,让每个人都能够全面地享有快乐幸福的生活,并让这条思想原则成为我们社会立法、制度与道德建设的基础,是我们解读快乐学的最高目标。

快乐是经济社会发展的根本目的。快乐是一种社会哲学理念,也是一种人类生活实践。我们讲快乐不等于享乐,更不等于及时行乐,而是指出快乐对于人类行为与经济社会发展的终极价值意义。这一结论并非创新,但对于亿万人类的真实生活与制定科学的社会发展战略却无上重要。建设一个幸福的社会,让全社会的人沐浴在无比幸福与快乐的环境中,是我们社会发展的最高成就。为此,我倡议:

1. 转变人们的价值理念,确立快乐幸福才是人类生活的终极目的与终极价值的理念;

2. 创新社会发展模式,确立以国民快乐幸福为核心的社会发展体系;

3. 确立广义消费与广义财富理念,充分认识生态资源对于人类幸福生活的至关重要性;

4. 践行和谐经济发展原则,取之有度,用之有制,取予结合,和谐发展;

5. 珍爱生命,发展文化与教育,全面提高人的素质;

6. 提高政府效率;

7. 确保社会公平与公正;

8. 关注人的全面发展;

9. 切实保护资源与生态环境;

10. 把社会发展政策全面调整到以多数人快乐为核心的基础上来,让多数人幸福成为立法与道德的基础。

今天,我们实际的社会发展理念几乎还是以 GDP 为中心的,个人则以物质利益为中心。快乐理论告诉我们,经济增长与收入增加只是手段,并不是终极目的,人类行为的终极目的与终极价值是人们的快乐幸福生活。今天我们倡导快乐幸福的终极价值理念和以人为本的发展理念,相对于以 GDP 为中心的发展理念而言,是一个根本性的社会价值理念转变。即把经济社会发展真正转变到以人为本的轨道上来。确立这个理念会使人们明白人生与社会发展的真正意义在于国民幸福快乐的生活,而不是多多益善的钱财。这无论对于调整国民心态还是社会发展模式都是十分重要的。正如澳大利亚社会科学院院士黄有光教授所言:只有快乐才是最根本的,其他事物如经济增长等只有相对于快乐而言才是重要的。可见快乐与幸福理论对于我们转变生活理念的重要性。这种重要性不仅仅是对于个体的生活与人生而言,而且是对于整个经济社会发展而言的。

人们已经发现了经济增长与国民快乐增长的不一致性问题。即随着收入增长到一定程度,国民的快乐与幸福感不再随着收入增长而增长,美国、英国、日本等一些发达国家均出现了这种"幸福悖论"现象。幸福悖论现象的出现并不是偶然的,而是由忽视经济社会发展的终极价值,特别是对"最大多数人的最大快乐"终极价值原则的忽视而产生的。由于只顾物质利益,导致了人们的价值理念扭曲,使得社会放弃了大量真正值得追求的幸福要素,所以经济虽然增长了,快乐却并没有增长。所以,我国一定要创新社会发展模式,确立以国民快乐幸福为核心的社会发展新体系。只有这样,才能够真正构建起和谐社会,真正实现全体国民的幸福生活。

在建设幸福社会中,这里还有一个需要特别强调的问题,就是教育与文化。由于越是高层次的需要,越需要有教育与文化的支持。缺乏文化,人们往往会滞留于较低的快乐水平。就整体而言,受教育程度和文化水平与人们的快乐水平是正相关的(当然不排除少数的例外情况)。人们接受的教育越多,社会整体的文明水平与道德水准也会获得相应提高,从而使整个社会获得更多的精神快乐满足,而不是停滞在较低的物质需要满足层次中。荷兰哲学家斯宾诺莎说,知识致极乐。我想,这个话是有理由的。

我们的幸福社会是由人们的健康、亲情、收入、职业、人际关系、文化、教育、社会公正、政府效率、科学进步、宗教与生态环境等因素组成的。全面关注人类健康状况、经济发展、职业满意、社会公正、教育与文化提升、生态环境的协调发展,而不仅仅是物质利益方面的增长,对于建设幸福社会具有决定性的意义。而由人类快乐影响因子的多维性说明,满足快乐并不需要过多的资源,健康、亲情、生态、创新精神、社会公正、人际关系,这些并不需要耗费多少资源的要素,原本就是无上快乐的源泉。只是由于我们把社会关注力片面地、过多地引导到物质利益、GDP 上去,才出现了既浪费大量资源,又使得幸福指数难以提高的后果。所以,实现快乐原则下的人的全面发展,是全人类尤其是像我国这样人口、资源、环境矛盾突出的国家实现和谐发展的根本战略途径。

总之,我们生活在这个世界上,需要有健康的身体,适度的工作,适度的闲暇;对于一个国家来说,需要有优美的生态环境,适度的经济增长。我们经常是生活在一个充满矛盾与悖论的现实世界中,现在的人类还没有进入自由王国,还不是能够完全自由实现的时候。你想要有总统的地位,亿万富翁的钱财,可能就没有一般人的自由与安全。所以,个人与社会都要自我调适,寻找适合自己的生活方式,好自为之,和谐发展,不可偏激。这样才能有最好的效率,最大的和谐,最高的快乐指数。

我们的快乐学讲座就讲到这里,谢谢大家!

> 我国一定要创新社会发展模式,确立以国民快乐为核心的社会发展新体系。只有这样,才能够真正构建起和谐社会,真正实现全体国民的幸福生活。

附　录

一、近年来作者关于快乐的主题发言与报告

1. "人本经济学与快乐",北京天则研究所"双周论坛"第170期讲座,2000年6月。
2. "快乐是人类行为的终极目的",北京大学应用伦理学首届大会,2001年7月。
3. "人类经济行为的快乐原则","新经济条件下的生存环境与中华文化"国际学术研讨会,浙江大学2002年5月。
4. "快乐原则、和谐社会与三农问题","和谐社会模式与三农问题解决途径"全国学术研讨会(杭州),2003年3月。
5. "快乐与知识经济时代的人力资源管理制度变迁",宁波大学,2004年11月。

6."利他—利己—致性框架下的经济人行为解析",全国经济人假说专题研讨会,中国社会科学院经济研究所(福州),2005年5月。

7."经济学与快乐"专题讲座,浙江大学等,2006年12月。

8."有发展无提高:一个全球性难题的解释与解决",国民幸福快乐全国学术研讨会(杭州),2007年5月。

9."经济、快乐与人生",浙江人文大讲堂,浙江图书馆,2007年6月。

10."幸福悖论与幸福度量",第一届幸福学国际研讨会(上海交通大学),2007年6月。

二、近年来关于作者快乐研究的相关媒体专访与报道

1.《中国应自我克制GDP增长》,《国际先驱导报》2004年12月27日。

2.《你的快乐来自哪里——浙江城乡居民快乐源调查》,《浙江日报》2005年9月10日。

3.《一项省级社会科学规划重点课题因调查快乐源受到广泛关注——浙江:快乐指数昭示和谐社会》,《人民日报》2005年10月13日。

4.《快乐不快乐,第一看健康第二看亲情》,《都市快报》2005年10月14日。

5.《浙机关和事业单位干部感觉最快乐》,《东方早报》2005年10月17日。

6.《用"快乐"关照中国》,《新民周刊》(专栏采访),2005年10月,第40期。

7.《劳动的快乐像弹钢琴》,《小康》,2005年11月。

8.《快乐·人本·和谐——访浙江财经学院陈惠雄教授》,《中国产经新闻报》(人物专访),2006年5月15日。

9.《核算幸福此其时》,《新民周刊》(专栏采访)2006年10月,第42期。

10.《幸福指数离我们还有多远》,《今日早报》(幸福指数专题)2006年9月25日。

11.《快乐经济学的理论难点、发展向度与现实价值》,《光明日报》(理论版,经济学视野中的幸福与快乐专栏)2006年11月20日。

12.《陈惠雄与快乐经济学》,《光明日报》(人物专访)2007年3月13日。

13.《陈惠雄教授和他的"快乐经济学"》,《金华日报》(人物专访)2007年4月24日。

14.《全国专家在杭州发布"快乐宣言"》,《杭州日报》、《经济日报》、《人民日报》、《光明日报》、《香港商报》

等多家媒体报道会议内容与作者相关理论观点。

15.《陈惠雄:快乐经济学与人生》,《钱江晚报》(大讲堂),2007年6月19日。

16.《为了快乐,中国经济增速不能无限量》,《北京青年报》2007年8月22日。

三、作者关于快乐研究的相关成果(按时间序列)

1.《关于目的性质的研究》(论文稿,3万字),1981年12月。

2.《国民生产部门发生程序与快乐需求增长一致性刍论》,《云南大学研究生论丛》1986年第1期。

3.《快乐论》,西南财经大学出版社1988年版。

4.《关于社会发展指标的研究》(论文),浙江人民出版社1992年版。

5.《人本经济学原理》,上海财经大学出版社1999年版,2006年第2版。

6.《欲望的本质:一个经济学的基本问题》,《当代经济科学》1999年第5期。

7.《快乐最大化:对经济人概念的终结性修正》,《财经科学》1999年第6期。

8.《快乐 福利 人本主义——与黄有光院士的有

关讨论》,《财经论丛》2000 年第 5 期。

9.《快乐思想的发展与科学意义》,《浙江学刊》2001 年第 3 期。

10.《论寿命是社会经济发展的最高综合指标》,《经济学家》2001 年第 4 期。

11.《解析快乐主义》,《经济学消息报》,2003 年 2 月。

12.《市场经济与浙江的和谐乡村社会模式》,《农业经济问题》2003 年第 3 期。

13.《快乐原则——人类经济行为的分析》,经济科学出版社 2003 年版。

14.《公平与幸福》,《中国青年》2003 年第 5 期。

15.《快乐原则与三农问题的科学解决路径》,《农业经济问题》2004 年第 1 期。

16.《快乐原则与陈天桥发家》,《中国青年》2004 年第 1 期。

17.《汽车、私人消费与公共选择：如何折中最大快乐和人与自然的和谐发展》,《管理世界》2004 年第 4 期。

18.《人类经济行为的快乐原则》(论文集),华夏出版社 2004 年版。

19.《人本经济学与快乐》,《天则十年·纵议天下》(论文集),郑州大学出版社 2004 年版。

20.《快乐、广义消费与和谐社会模式建构》,《科技导报》2004年第9期。

21.《快乐指数研究概述》,《财经论丛》2005年第1期。

22.《经济与人本:关于科学发展观的两个基础理论分析》,《浙江大学学报》2005年第3期。

23.《"以人为本"发展观的几个基本理论分析》,《学术月刊》2005年第3期。

24.《生命成本:关于消费函数理论的一个新假说》,《中国工业经济》2005年第8期。

25.《基于苦乐源比较的浙江省高校教师职业状况实证分析》,《高等教育研究》2005年第8期。

26.《"快乐"的概念演绎与度量理论》,《哲学研究》2005年第9期。

27.《浙江省不同人群快乐指数与我省和谐社会模式发展研究报告》,2005年12月。

28.《国民快乐指数调查量表设计的理论机理、结构与测量学特性分析》,《财经论丛》2006年第5期。

29.《基于苦乐源调查的浙江省城乡居民生活状况比较分析》,《中国农村经济》2006年第3期。

30.《经济人假说的理论机理与利己一致性行为模式》,《社会科学战线》2006年第4期。

31.《金钱与快乐》,《财富智慧》2006年第6期。

32.《快乐经济学的理论难点、发展向度与现实价值》,《光明日报》2006年11月20日。

33.《婚姻、性别与幸福》,《浙江学刊》2007年第1期。

34.《快乐与幸福理论对于中国经济社会发展的战略意义》,《光明日报》2007年5月29日。

35.《财富—快乐悖论:一个探索性的理论解释》,《杭州市委党校学报》2007年第4期。

四、近年来关于作者快乐研究成果的相关评价

以古典主义的快乐为基石,全面重建经济学体系的经济学家是陈惠雄,他的《人本经济学原理》,以"快乐"为核心,提出"最大多数人的最大快乐"的经济学体系,并以此为准重估传统经济现象。这本书的最大特点,是别的经济学家都把快乐当做边缘问题,而陈惠雄则把快乐当第一中心问题。从这个意义上说,它对于体验经济基础理论的建设,具有重要意义。

——引自《快乐与自我实现的主流化》,《互联网周刊》2002年

我觉得黄有光、汪丁丁、陈惠雄、于光远四人的境界,特别是汪丁丁和陈惠雄,远在张五常之上。经济系学生

追错了星,不信,二十年后看。

——引自姜奇平:《等信息交换》,《互联网周刊》2003年

前些时候,天则经济研究所请了浙江的陈惠雄教授来演讲,题目是人本经济学。讲的要意就是说,人要追求快乐而不是金钱。他甚至断言,平均寿命而不是人均国民收入是测量一个国家是否成功的最终指标。这些学者的观点对我产生了巨大的影响。

——引自茅于轼:《给你所爱的人以自由》,2004年

意义价值,是迄今为止经济学还没有重视起来的商品的第三重属性。最接近"意义价值"定义的经济学家,依次是边沁、卡尼曼、奚恺元、黄有光、陈惠雄五位杰出经济学家。其中尤以卡尼曼的《回到边沁》一文为最。

——引自《新经济新在哪里》,《互联网周刊》2005年

华人经济学家中,两位著名学者一直在探寻经济增长与快乐之间的最佳配置。一位是澳大利亚华裔经济学家黄有光教授,他对东亚地区"经济快速增长而人民快乐不足"这一现象进行了深入探讨,并称之为"快乐鸿沟"。另一位是浙江财经大学的陈惠雄教授,他是国内第一位以"快乐"为核心构建经济学理论体系的学者,一直在探求国民经济发展与人们谋求幸福生活之间

的路径。

——引自《用"快乐"关照中国》,《新民周刊》2005年

陈惠雄1988年出版《快乐论》,1999年出版《人本经济学原理》,2003年3月发表《市场经济与浙江的和谐乡村社会模式》。对陈惠雄来说,从"快乐"到"人本",再到"和谐",概念转变之间记录的是一个学者的"个人学术史"。对于国家而言,"和谐社会"成为执政党的指导思想,是执政理念与价值观转变和重建的一件大事,一个思想意识上的大进步。

——引自《核算幸福此其时》,《新民周刊》2006年

后　　记

2007年3月下旬的一天，我无意间接到了北京大学出版社杨书澜老师给我打来的电话。杨老师一边自我介绍，一边谈事，约我出书。

我正在陶醉于快乐学的讲座之中，思想着渐渐地我将做一个"述而不作"的老者。遥想当年孔老夫子的教职生涯，竟也是如此的快活。

然而，我终究没有孔圣人那样的学识与境界。如果杨老师邀请孔夫子作书，老夫子大概会拒绝。我可经不起诱惑。况且，我在此前，就已经是述作不断，胡言久矣。

我们这是个什么时代？出书一般都是需要揣着钱找上门去。哪有找上门来，还有很优惠的条件，还不肯出的道理！话如此，理如此，但我这次的确是没有出书的思想准备。因为我想歇歇，收获一份闲暇的快乐。人过五十，毕竟不一样了。

2007年5月，我们在杭州召开了全国首届国民幸福快乐理论学术研讨会,我代大会起草并宣读了杭州快乐宣言。来自全国的八十多位学者和大小媒体把这个事情不大不小地整了一番,在全国掀起了一个快乐主义思想传播的小波澜。快乐学在中国似乎才初见端倪。

2007年6月16日,我在"浙江人文大讲堂"进行快乐学讲座。为了这个讲座,需要准备一份讲稿给《钱江晚报》。正是从这个时候起,我开始考虑把我多年来的快乐学讲座,尽可能原生态地记录成文字稿。

2007年7月初,暑期来临,快活的日子到了。不意间,杨书澜老师再次给我打来了电话。这次,杨老师和我谈得非常认真和具体,并系统介绍了北大出版社出这类图书的情况。由于我还没有把快乐学讲座出书的成熟打算,我左右推托,想过一个快活、安生的暑假再说。书的事情,慢慢来。

杨书澜老师有点急了。一个星期后,又给我打来电话,并且把她们出版社前几年出的几本样书寄给了我。此时,我感到事情的严重性。不答应,似乎已经是不行了。我不是说不出,而是认为准备不充分。况且,我在学问上是个不大追时机的人,如果追时机,哪来的26年快乐论的背时研习?

杨书澜老师认真、执著,又一次来电话。当杨书澜老师执意要同时给我寄两本书的出版合同时(另外一本是很专业化的快乐经济学专著或教科书),我只好应承下第一本。第二本暂且饶我一命吧。此书合同一签,"牛轭"就套上了。任务在身,2007年的暑假又快活不成了。

我对快乐理论的研究,始于26年前中国经济理论界对于社会主义生产目的问题的一场讨论。那场讨论引起了我对人类行为终极目的问题的深刻思考。我是依着那种由个别而一般、由具体而抽象的归纳思维方法,把生产目的问题的讨论抽象、上升到哲学的终极目的维度进行思考,而获得这一结论的:即认为人类所发生的一切行为,其最终目的都是为了实现各自的快乐满足,都是人们精神上"趋乐避苦"的结果。一篇题为《关于目的性质的研究》的三万多字的论文,苦了我整整一年。

我认定快乐是普人类行为的终极目的。这是我心的觉解,所以即便背时,我也不会轻易放弃。因为我认定这是真理。1988年,我出版了《快乐论》,1999年的博士论文:《人本经济学原理》就是以快乐为核心构建的一个经济学原理体系。2003年出版《快乐原则——人类经济行为的分析》,把快乐理论运用于一些经济解释,并兼顾了推广该理论的通俗性的需要。今天,快乐与幸福已然成为一个全球性的热点话题。从2005年起,国内媒体的采访、报道与理论文章几乎不断。我们终于迎来了一个需要快乐而又该真正认识快乐的大众化时代。

我不敢相信的是,就在此书稿完成之时,有朋友告诉我,我去年11月发表在《光明日报》的一篇文章,已经成了一些重点高中的高考模拟语文考试题。我打开一看，题目为《快乐经济学》，一段文章的阅读理解分数有18分之多。题目很不容易辨析，真是难为高考的学生们了。但愿这样难的题目少一点，给人们的快乐多一点。让最大多数人的最大快乐原则成为我们社会的共同行动纲领。

传播快乐，这已经成为我余生快乐的一个重要组成部分。

感谢从小学以来教导我的所有老师和所有帮助过我的人们；感谢北京大学出版社杨书澜老师为此书付出的辛劳；感谢茅于轼先生于百忙中为本书题写序言；感谢我妻子张桂花经常劝我少写作、多休息并包揽家务；感谢我的研究生帮助我记录了部分讲座稿；感谢所有向往快乐、研究快乐的人们阅读此书。

陈惠雄
2007年国庆节于杭州